KB124240

그림으로 읽는
친절한
기후위기
이야기

ZUKAI DE WAKARU 14SAI KARA SHIRU KIKOU HENDOU
by Inforvisual laboratory

Copyright ⓒ 2020 by Inforvisual laboratory
All rights reserved.
Original Japanese edition published by OHTA PUBLISHING COMPANY
Korean translation rights ⓒ 2021 by Bookpium
Korean translation rights arranged with OHTA PUBLISHING COMPANY, Tokyo
through EntersKorea Co., Ltd. Seoul, Korea

그림으로 읽는

친절한 기후위기 이야기

인포비주얼 연구소 지음
김종성(서울대 지구환경과학부 교수) 감수
위정훈 옮김

2050 탄소 중립 시대를 위해 우리가 반드시 알아야 할 기후위기의 모든 것

북피움

기후위기를 넘어,
탄소 중립 시대를 맞이하기 위해

이 책은 한마디로 매우 친절한 '그림으로 쓴 기후위기 참고서'다. 코로나19 팬데믹과 더불어 전 세계적으로 가장 뜨거운 이슈로 떠오른 주제가 '기후위기'인데, 글만 읽어서는 머릿속에 쉽게 들어오지 않을 수 있는 어렵고 전문적인 과학 주제를 그림을 통해 쉽게 접근하고 있다. 다양하고 방대한 양의 정보와 지식을 초등학교 고학년 이상이면 읽을 수 있을 정도로 쉽게 풀어쓴 텍스트에 직관적인 그림과 도표를 꼼꼼하게 깔끔하게 정리해서 소개했다는 점이 인상적이다.

책은 먼저 기후위기로 인해 벌어지게 될 심각한 사태를 12가지로 정리하여 현실을 일깨워준 다음, 기후라는 거대한 시스템이 지구 차원에서 어떤 원리로 작동하고 있는지를 과학적으로 설명해준다. 그리고 현재 일어나고 있는 위기 상황들이 인류에게 초래할 파멸적인 미래에 대한 예측과 더불어 그것을 극복하기 위해 우리가 지금 당장 할 수 있는 일은 무엇인지까지 알려준다. 기후위기를 극복하기 위해 필요한 알찬 지식과 지혜를 동시에 주는 값진 이야기로, 누구든지 이 책을 읽으면 지구와 우리 생태계가 얼마나 고마운지, 그리고 우리가 이제 무엇을 해야 할지 고민하게 될 것 같다.

더 늦기 전에 우리에게 어떠한 실천이 필요한지를 우리가 남기는 '탄소 발자국' 개념으로 잘 설명해주는 대목도 눈에 띈다. 기후위기에 대한 대응은 일개인이나 한 나라만의 노력으로 달성될 수 없고, 전 인류가 동참해야 한다는 것까지 강조하고 있는 대목에서는 글로벌한 시각이 돋보인다. 기후위기라는 키워드로 인문, 사회, 경제, 정치를 아우르는 폭넓은 시각과 식견을 소개하고 있다는 점도 이 책의 중요한 특징이다. 실상 기후위기 대응과 그 실천력에 대한 체감 정도는 개인, 집단, 지역, 국가마다 모두 다를 것이다. 하지만 우리가 기후위기 대응이라는 인류 공통의 목표로 힘과 지혜를 모아 지금의 기후위기를 극복해야 한다는 것만은 누구도 피할 수 없는 대세다. 유엔(UN)은 '기후위기 대응'을 인류의 지속가능 발전목표 13번째로 제시하면서 각국의 신속한 대응 조처를 주문하고 있다. 세계 각국이 2050 탄소 중립에 사활을 걸고 있고, 예외는 없다.

이 책은 10살부터 100살까지, 인류의 미래와 지구 환경을 우려하는 모든 세대가 함께 읽고, 깨닫고, 실천에 나설 수 있게 해주는 마중물 역할을 톡톡히 해내고 있다. 지구를 사랑하는 모든 이에게 추천하고 싶은 책이자, 사랑하는 우리 아이들에게 제일 먼저 선물해주고 싶은 책이다.

2021년 11월

김종성 (서울대학교 지구환경과학부 교수)

인류가 일으킨 지구 최대의 위기, 기후위기
미래를 지키기 위해 아이들이 일어섰다

2018년에 스웨덴 소녀 한 명의 행동이 전 세계에 파문을 일으켰다. 당시 15살이었던 그레타 툰베리가 '기후를 위한 학교 파업'이라고 쓴 플래카드를 들고 스웨덴 국회의사당 앞에서 연좌시위를 시작한 것이다.

그레타는 기후변화가 인류 역사상 가장 큰 위기를 가져오려 하는데 어른들은 아무것도 하려 하지 않는다, 우리의 미래를 더 이상 어른들에게 맡겨둘 수 없다며 매주 금요일에 수업을 거부하고 기후위기 대책을 호소했다. 그의 외침에 전 세계 어린이와 젊은이들이 공감하여 소셜 미디어를 통해 '미래를 위한 금요일'이라는 슬로건을 내걸고 각지에서 시위를 시작했다. 동참하는 이들은 점점 늘어나서 2019년 9월 20일, 전 세계에서 일제히 일어난 글로벌한 기후 시위에 161개국 약 400만 명이 모여들어 사상 최대의 기후 파업이 되었다.

그레타가 혼자서 시작한 활동이 전 세계 사람들의 마음을 움직였고, 어느 먼 곳의 문제라고 생각했던 기후위기에 대해 모두가 심각하게 생각하게 된 것이다.

46억 년 전에 탄생한 지구는 점진적인 변화를 반복하면서 기후의 균형을 유지해왔다. 그 균형이 무너지기 시작한 것은 영국에서 산업혁명이 시작된 18세기 후반 무렵부터이다. 인간은 몇 억 년 동안이나 지층에 파묻혀 있던 석탄이나 석유를 대량으로 캐내어 연료로 사용해왔다. 그런 산업 활동이 지구의 기후를 바꿔버릴 정도로 심각한 사태를 부를 줄은 누구도 몰랐다.

사람들은 1970년대 후반에서 1980년대에 걸친 시기부터 지구가 뜨거워지고 있다는 것을 깨달았다. 이 현상은 '지구 온난화'라고 불린다. 그 원인이 인간의 산업 활동에 의해 이산화탄소(CO_2) 등의 온실가스가 늘어났기 때문임은 1990년대에 밝혀졌다.

　이대로 CO_2가 계속 늘어나면 지구는 점점 뜨거워지고, 결국 북극이나 남극의 얼음이 녹고, 가뭄으로 작물도 수확할 수 없게 되고, 동물도 살아갈 수 없게 된다. 그런 비관적인 예측에도 불구하고 그로부터 약 30년이 지난 지금도 발전소나 자동차 등에서 CO_2가 대량으로 배출되고 있다.

　그레타를 비롯한 전 세계 어린이들과 젊은이들이 분노의 목소리를 높인 것은 바로 이 때문이다. 이대로 아무런 대책도 세우지 않는다면 점점 온난화가 진행되어, 위기를 깨달았을 때는 이미 손을 쓸 수 없게 된다. 지금 젊은 세대는 그런 미래를 살아가야 하는 것이다.

　기후위기는 유엔의 '지속가능 발전목표SDGs'의 하나로 제시되고 있을 정도로 심각한 문제이다. 너무나 거대하고 복잡한 이 문제를, 이 책에서는 그림을 이용하여 알기 쉽게 설명하고 있다. 기후란 도대체 무엇이고 지금 어떻게 변해가고 있을까? 기후위기에 대해 우리가 할 수 있는 일은 무엇일까? 이제 함께 살펴보자.

차례

Part 2. 지구의 기후 시스템은 어떻게 작동할까

Part 3. 그리고, 기후 대위기가 시작되었다

Part 4. 지금 당장, 우리는 무엇을 해야 할까

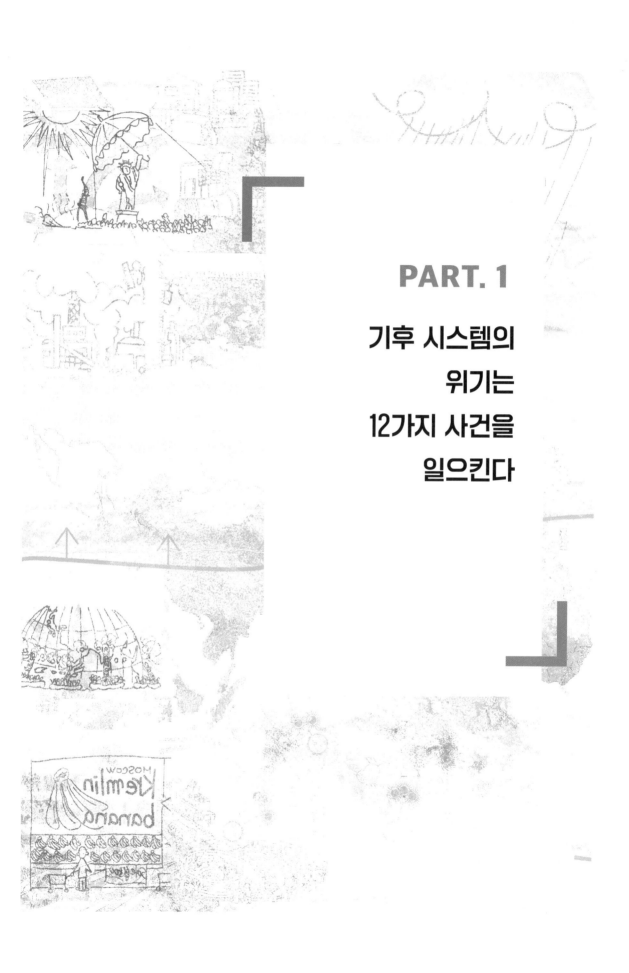

PART. 1

기후 시스템의 위기는 12가지 사건을 일으킨다

지금 진행되는 지구의
기후위기는 인간이 만든 문제다

기후위기는 무엇이 문제일까?

지금, 지구의 기후위기가 커다란 문제가 되고 있다. '기후'란 오랜 기간 동안 보아온, 어떤 지역의 평균적인 대기 상태를 가리킨다. 대기 상태는 해양, 육지면, 빙설 등과 깊이 연관되어 변화하므로 이들을 하나의 시스템으로 보아 '기후 시스템'이라고 부른다.

전 세계적으로 기온이 올라간다 ⅼⅼⅼⅼⅼⅼⅼⅼⅼⅼⅼⅼⅼⅼ▶
온실가스가 늘어나서 지구 온난화가 진행된다

자세한 것은
46~47쪽

기후위기를 상징하는 이변 가운데 하나는 기온의 상승이다. IPCC(기후변화에 관한 정부 간 협의체) 제5차 평가보고서에 따르면 세계의 평균 기온은 1880년부터 2012년 사이에 0.85℃ 상승했다. 지구가 점점 뜨거워지고 있는 것이다. 이것이 '지구 온난화'라고 불리는 현상이다. 지구 온난화의 원인으로 여겨지는 것으로는 이산화탄소(CO_2) 등의 온실가스(자세한 것은 26~27쪽)가 늘어나고 있다는 것을 들 수 있다. CO_2는 석탄, 석유 등을 태우면 대량으로 대기 중으로 배출된다.

온난화가 진행되면 기후 시스템 전체에 변화가 생겨 자연이나 인간의 삶에 심각한 영향을 미친다.

지구의 긴 역사를 살펴보면 기후는 일정하지 않고 추운 시기와 따뜻한 시기가 약 10만 년이라는 긴 주기로 반복되어왔다. 이것은 어떤 자연의 힘이 가해져서 기후 시스템이 서서히 변화해온 결과이다.

그러나 지금 문제가 되고 있는 기후위기는 자연스러운 변화가 아니라 인간에 의해 초래되었다고 여겨지고 있다. 인간의 활동이 기후 시스템을 단기간에 바꿔버리고 만 것이다.

이런 기후위기 때문에 일어나는 현상은 아주 많지만, 여기서는 12가지 포인트로 정리해서 살펴보자. 각각에 대한 자세한 설명은 Part3의 해당 페이지를 참조하기 바란다.

이상기온이 일상화된다 |||||||||||||||||||||||||||||||||▶
드물게 일어나던 기상 현상이 자주 일어난다

30년에 한 번 정도 발생하는 아주 드문 기상 현상을 '이상기상'이라고 한다.

예를 들면, 2018년 여름에 일본은 기록적인 폭염에 시달렸고, 많은 지역에서 관측사상 최고 기온을 갈아치웠다. 그다음 해인 2019년 겨울에는 원래는 눈이 많이 오는 동해 쪽에서 따뜻한 겨울이 이어져서 강설량이 기록적으로 줄어들기도 했다.

이런 이상기상이 세계 각지에서 일어나고 있다. 심지어 '드물게'가 아니라 자주 일어나고 있다. 이상기상이 더 이상 '이상'한 것이 아니라 일상적인 일이 된 것이다. 이것도 지구의 기후 시스템이 지금까지와는 다르게 움직이고 있기 때문인 것으로 보인다.

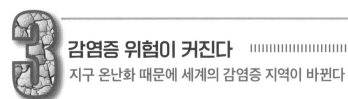

3 감염증 위험이 커진다 |||||||||||||||||||||||||||||||||||||||▶

지구 온난화 때문에 세계의 감염증 지역이 바뀐다

자세한 것은
70~71쪽

코로나19 바이러스의 세계적 유행을 통해 우리는 감염증의 공포를 새삼 깨달았다. 감염증 중에는 말라리아나 뎅기열처럼 열대에 서식하는 모기가 병원체를 운반하여 감염시키는 것이 있다.

기후위기로 지구 온난화가 진행되면 열대성 모기 서식 지역이 넓어져서 감염자가 늘어날 것으로 예측되고 있다. 현재 우리나라는 말라리아나 뎅기열 감염 지역은 아니지만 가까운 미래에 그렇게 되지 않는다고 단언할 수는 없다.

4 폭염이 도시를 덮친다 |||||||||||||||||||||||||||||||||||||||▶

체온을 넘는 고온이 계속되고 도시 환경이 피해를 키운다

자세한 것은
50~51쪽

2003년에 유럽을 덮친 폭염은 기록적인 고온을 초래하여 열중증이나 열사병 등으로 약 7만 명이나 되는 사람이 목숨을 잃었다. 유럽은 그 후로도 종종 폭염이 덮치고 있다. 미국, 인도, 파키스탄, 오스트레일리아 등에서도 같은 피해가 잇따르고 있다.

빈번하게 발생하는 폭염 역시 기후위기 때문이다. 도시화에 의해 인공 건조물이나 포장도로가 늘어난 것도 기온을 한층 높이고 피해를 확대시키는 원인이다.

식량 생산지가 북쪽으로 올라간다 ‖‖‖‖‖‖‖‖‖▶

기후가 바뀌면 생산지가 바뀌어 세계의 농업에 영향이 미친다

자세한 것은
64~65쪽

기후위기의 영향을 맨 먼저 받는 산업은 농업이다. 농작물은 종류별로 재배에 알맞은 기후가 다르므로 기후변화로 세계의 기온이 상승하면 농작물의 생산 분포도가 달라질 것으로 예상되고 있다.

특히 문제는 곡물이다. 온난화가 진행되면 지금까지 곡물을 수확할 수 없었던 지역에서 생산이 늘고 현재의 생산지가 불모지가 될 수 있다. 생산지가 위도가 더 높은 쪽으로(북반구에서는 북쪽으로) 바뀌게 되는 것이다.

세계 각지에서 물이 부족해진다 ‖‖‖‖‖‖‖‖‖‖‖▶

기온 상승에 따른 가뭄이나 인간의 활동이 물 부족의 원인이다

자세한 것은
60~61쪽

지구상에는 원래부터 비가 많이 내리는 지역과 별로 내리지 않는 지역이 있다. 그런데 기후위기에 의해 기온이 올라가서 비가 적은 건조지대는 더욱 건조해져 심각한 물 부족 상태에 빠져 있다.

이미 아프리카에서는 몇 년씩 가뭄이 계속되어 마실 물이나 농업용수가 부족한 상태이다. 인구 증가, 공업화에 따른 수질 오염, 지하수 개발 등, 인간에서 기인하는 다양한 문제도 물 부족을 더욱 가속화시키고 있다.

얼음이 녹아서 해수면이 상승한다

빙하가 녹아내려 해안 도시가 물에 잠긴다

자세한 것은 66~67쪽

기온이 상승하면 남극이나 그린란드의 대륙 빙상이나 고지에 있는 빙하 등이 녹아서 바다로 흘러들고, 기온 상승에 의해 해수가 팽창하게 된다.

그 결과 해수면 상승이 일어난다. 해수면이 상승하면 고도가 낮은 지역으로 해수가 흘러든다. 일본의 경우 해수면이 1미터 상승함에 따라 전체 모래톱의 90% 이상이 사라질 것으로 전망된다(우리나라의 경우도 전체 모래톱의 80%가 사라지고 남해안과 서해안의 상당수가 침수될 우려가 있다. - 감수자).

게 전문점

세계 각지에서 수해가 늘어난다

지구상의 물 순환이 달라져 태풍이나 홍수 피해가 늘어난다

자세한 것은 58~59쪽

요즘 들어 미국에서는 대형 허리케인이 덮치고, 유럽이나 중국에서는 호우에 따른 대홍수가 발생하는 등, 세계 각지에서 수해가 많이 발생하고 있다.

그 원인은 지구 온난화에 의해 해수 온도가 높아져서 수증기가 많아졌기 때문이다. 또한 삼림 벌채나 댐 건설, 도시의 아스팔트화 등에 의해 물이 자연스럽게 순환하지 못하게 된 것도 피해를 확대시키는 원인 가운데 하나라고 말할 수 있다.

9 생태계가 파괴된다 ||||||||||||||||||||||||||||||||||||||||||||▶

기후위기로 많은 생물종이 멸종 위기에 처한다

자세한 것은 68~69쪽

Part 1

코알라
계속되는 가뭄에 따른 산불 때문에 많은 코알라가 다치고, 살아갈 숲을 잃고 있다. 더 많은 보호 활동이 필요하다.

자이언트 팬더
현재 개체 수는 2,000마리 정도로 추정된다 기후변화로 팬더 서식지인 특수 대나무숲이 소멸되고 있다. 그 결과 대나무를 먹는 팬더의 멸종이 우려된다.

북극곰
21세기 중반쯤이면 북극곰의 생존에 꼭 필요한 여름 빙하의 42%가 사라지고 개체수가 격감할 것으로 예상된다.

푸른바다거북
온난화에 따른 기온의 변화로 푸른바다거북의 생식 균형이 깨져 번식이 힘들어진다.

수마트라 오랑우탄
온난화에 따른 강우량 증가로 정글 과실이 잘 자라지 못해 생존에 심각한 영향이 예상된다.

눈표범
밀렵 등으로 개체수가 감소. 온난화는 고산의 환경을 악화시켜 감소를 더욱 가속화시키고 있다.

아프리카 코끼리
상아를 얻기 위한 밀렵이 개체수를 감소시키고, 온난화에 따른 활엽수림의 건조로 서식 지역이 줄어들고 있다.

기후위기는 지구상의 모든 생물에게 커다란 영향을 준다. 동물이나 식물은 서식지의 환경에 적응하기 위해 오랜 시간에 걸쳐서 진화해왔다. 그러나 기온이 상승하면 더위에 약한 생물은 북쪽으로 이동해야 한다. 생물 분포가 지금과는 달라지게 되는 것이다.

이미 많은 생물이 인간에 의한 남획이나 자연 파괴 등에 의해 멸종 위기에 처해 있는데, 기후위기의 영향을 받으면 멸종 위험은 더욱 커질 것이다.

10 새로운 남북문제가 생긴다

온난화로 이익을 얻는 나라와 손해를 보는 나라가 생긴다

자세한 것은 74~75쪽

세계에는 '남북문제'라는 경제 격차가 존재한다. 경제적으로 풍족한 나라는 지구상의 북쪽에, 가난한 나라는 남쪽에 몰려 있다.

그런데 기후위기로 새로운 남북문제가 생겨날 것이라고 한다. 예를 들면, 북쪽 나라에서는 온난화 덕분에 농작물을 많이 수확할 수 있게 된다. 한편, 남쪽 나라에서는 물이나 식량 부족이 심각해진다. 이처럼 온난화는 이익을 얻는 나라와 손해를 보는 나라를 만들어낼 가능성이 있다.

'기후난민'이 생겨난다 |||||||||||||||||||||||||||||||||||||||||||▶

이상기상과 자연재해로 많은 사람이 삶의 터전을 잃는다

자세한 것은
76~77쪽

요즘 기후위기의 영향으로 삶의 터전을 잃어 버리는 사람이 늘고 있다. 태풍이나 몬순, 산불, 가뭄, 홍수 등 이상기상 때문에 강제로 피난이나 이주를 해야 하는 사람이 앞으로 더욱 늘어날 것이다.

특히 온난화의 영향을 받기 쉬운 건조지대에는 빈곤이나 분쟁 등의 문제를 가진 개발도상 국이 많아서 수많은 '기후난민'이 생겨날 우려 가 있다. 이에 대한 대책을 세우고, 난민에 대한 우리의 인식을 바꿀 필요가 있다.

세계 경제가 무너진다 ||||||||||||||||||||||||||||||||||||||||||||||||▶

기후위기는 다양한 형태로 경제에 손실을 입힌다

자세한 것은
80~81쪽

기후위기는 사람들의 삶이나 경제에도 영향을 미친다. 기온이 올라가면 더위 때문에 생산성이 떨어진다. 가뭄이나 홍수로 농업이 타격을 입어 식량이 부족해진다. 커다란 재해가 일어나면 그것을 복구하기 위해 엄청난 돈이 든

다. 이처럼 기후위기는 세계 경제에 직접적인 타격을 주며 2030년까지 전 세계에서 2,500조 원의 손실이 생길 것으로 추정된다. 기후위기 로 인해 지역 격차가 더욱 커지는 것도 우려되고 있다.

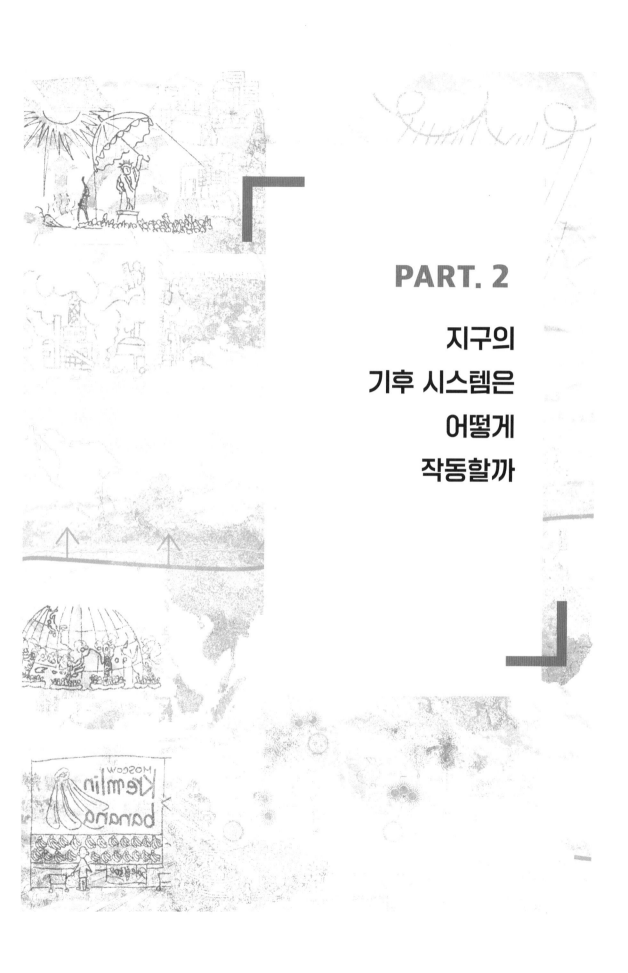

PART. 2

지구의 기후 시스템은 어떻게 작동할까

지구의 기후는
정교한 시스템에 의해 유지되고 있다

기후를 만들어내는 시스템

기후위기를 이해하기 위해 기후가 어떻게 만들어지는지 살펴보자. 기후와 아주 비슷한 말인 기상은 하루하루의 날씨를 가리킨다. 그에 비해 기후는 기상을 축적하여 평균값을 취한 것이다. 오랜 기간(대략 30년 동안), 어떤 지역의 평균적인 대기의 상태라고 말할 수 있다.

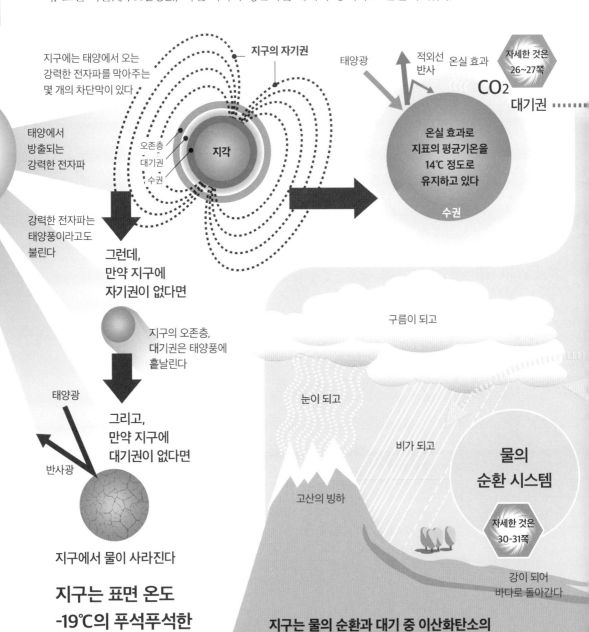

지구에는 태양에서 오는 강력한 전자파를 막아주는 몇 개의 차단막이 있다

지구의 자기권

태양광 적외선 반사 온실 효과

자세한 것은 26~27쪽

CO_2 대기권

지각

오존층 대기권 수권

태양에서 방출되는 강력한 전자파

태양

온실 효과로 지표의 평균기온을 14℃ 정도로 유지하고 있다

수권

강력한 전자파는 태양풍이라고도 불린다

그런데, 만약 지구에 자기권이 없다면

지구의 오존층, 대기권은 태양풍에 흩날린다

구름이 되고

눈이 되고

태양광

반사광

그리고, 만약 지구에 대기권이 없다면

비가 되고

고산의 빙하

물의 순환 시스템

자세한 것은 30-31쪽

지구에서 물이 사라진다

강이 되어 바다로 돌아간다

지구는 표면 온도 -19℃의 푸석푸석한 암석 행성이 된다

지구는 물의 순환과 대기 중 이산화탄소의 온실 효과에 의해 생물이 살아갈 수 있는 정교한 균형을 유지하고 있다

지구의 대기 상태는 다양한 시스템이 상호작용하여 정해진다. 아래 그림에서도 볼 수 있듯이, 대기의 순환 시스템 이외에 바다 속에서 작용하는 해수의 순환 시스템, 대기와 바다와 육지에 걸친 물의 순환 시스템, 생물권과 자연계를 잇는 탄소의 순환 시스템 등이 있으며, 이들은 서로 복잡하게 연관되어 있다.

기후를 만들어내는 이들 시스템 전체를 '기후 시스템'이라고 한다. 생물에게 유해한 자외선을 흡수해주는 오존, 대기 중에 떠다니는 에어로졸(다양한 입자성 물질) 등도 기후 시스템에 영향을 주는 중요한 요소이다.

지구의 기후를 컨트롤하여 생명을 키우는 '지구 시스템'

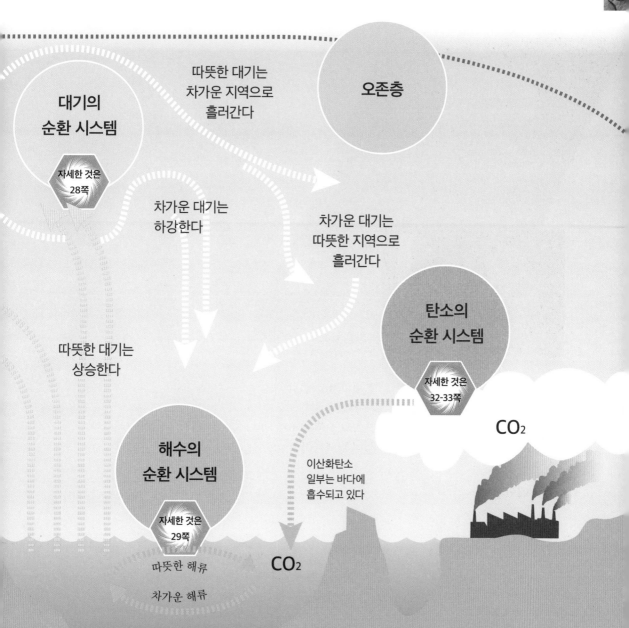

대기의
순환 시스템

자세한 것은
28쪽

따뜻한 대기는
차가운 지역으로
흘러간다

오존층

차가운 대기는
하강한다

차가운 대기는
따뜻한 지역으로
흘러간다

따뜻한 대기는
상승한다

탄소의
순환 시스템

자세한 것은
32-33쪽

CO_2

해수의
순환 시스템

자세한 것은
29쪽

이산화탄소
일부는 바다에
흡수되고 있다

따뜻한 해류

차가운 해류

CO_2

온실가스는 어떻게 지구를 데우는 것일까?

지구에 열을 전달하는 전자파

지구의 기후 시스템을 움직이고 있는 것은 태양 에너지이다. 태양의 표면 온도는 약 6,000℃나 되지만 그 열이 그대로 지구에 전달되는 것은 아니다. 열을 가진 물질은 에너지로서 전자파를 발산한다. 그 전자파가 다른 물질에 닿으면 진동에 의해 열을 발생시키는 것이다.

태양의 열은 가시광선, 자외선 등의 전자파로 방출되어 약 1억 5,000만km 떨어진 지구에 도달한다. 그러면 지구가 따뜻해지는데, 열을 받은 지표에서도 전자파의 일종인 적외선이 나온다. 말하자면, 태양에서 온 전자파는 대부분 우주로 반사되어버리며, 이 경우에 지구의 기온은

지구가 따뜻한 이유는
표면 온도 6,000℃인
태양으로부터 오는
전자파=태양광선 때문

모든 물체는 물체가 가진
온도에 따라 전자파를 발산한다.
적외선도 그중 하나다.

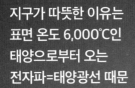

적외선은
서모그래프(자기
온도계)로 측정된다

우리 몸에서도
적외선이 나온다

대표적인 온실가스

CO_2 O C O

이산화탄소

지표에서 나온 적외선이
이산화탄소 분자를
진동시킨다

열이 발생한다

적외선이
방출된다

적외선

**적외선의
재방출**

**전자파가
지구 표면 물질의
소립자를 흔들어서
열이 발생한다**

적외선
파장이 긴 전자파

지표를 데운다

**데워진 지표에서
적외선이 방출된다**

지표가 평균 약 14℃로 데워진다

-19℃ 정도밖에 되지 않을 것으로 추정된다. 그러나 현재 지표의 평균기온은 약 14℃이다. 이 33℃의 차이는 '온실 효과' 때문에 발생한다.

지구의 기온을 유지하는 온실가스

지구의 대기 중에는 수증기나 이산화탄소(CO_2), 메탄, 프레온 등이 함유되어 있다. 이들 '온실가스'가 지표에서 나오는 적외선을 흡수하여 지표로 되돌려보내고 있다. 그러므로 마치 지표를 담요로 포근하게 감싼 듯이 지표가 데워져서 생물이 살기에 딱 좋은 14℃ 정도의 기온으로 유지되고 있는 것이다.

그러나 18세기 후반에 산업혁명이 일어나서 사람들이 석탄이나 석유를 태우게 된 후부터 대기 중의 CO_2 양이 급속히 늘어나서 온실 효과가 강해졌다. 이것이 기후위기의 커다란 원인이 되었다.

지구의 대기와 온실 효과의 구조

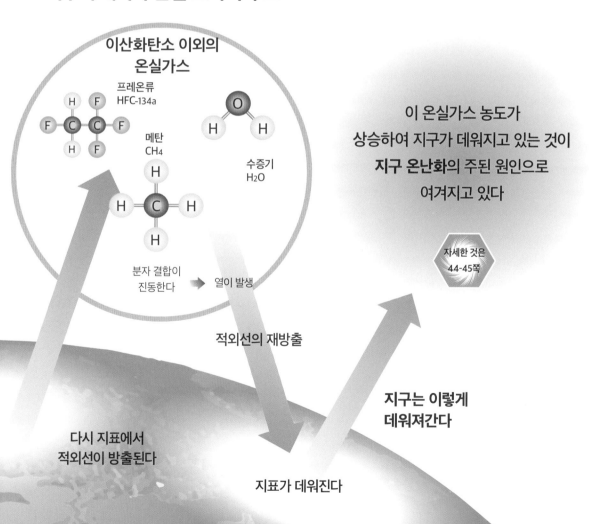

이산화탄소 이외의
온실가스

프레온류
HFC-134a

메탄
CH_4

수증기
H_2O

분자 결합이
진동한다 → 열이 발생

적외선의 재방출

이 온실가스 농도가
상승하여 지구가 데워지고 있는 것이
지구 온난화의 주된 원인으로
여겨지고 있다

자세한 것은
44-45쪽

지구는 이렇게
데워져간다

다시 지표에서
적외선이 방출된다

지표가 데워진다

지구의 기후 시스템은 거대한 열 분배 장치다

대기 순환을 통해 태양열을 분배한다

지구의 기후 시스템은 태양에서 받아들인 열을 에너지 삼아 움직이는데, 지구는 둥글기 때문에 태양이 거의 직각으로 비치는 적도에 가까울수록 열에너지가 커져서 기온이 높아진다. 반대로 태양이 비스듬히 비치는 극지(북극·남극)에 가까울수록 기온이 낮아진다.

이 온도차를 조정하려고 작용하는 것이 대기의 순환 시스템이다. 지구의 대기는 기온이 높은 쪽에서 낮은 쪽으로 열을 이동시킨다. 단, 지구는 자전하고 있으므로 움직임이 복잡하다. 적도 부근의 뜨거운 공기는 상승하여 남북으로 나뉘어 나아가고, 중위도까지 열을 운반하면, 하강하

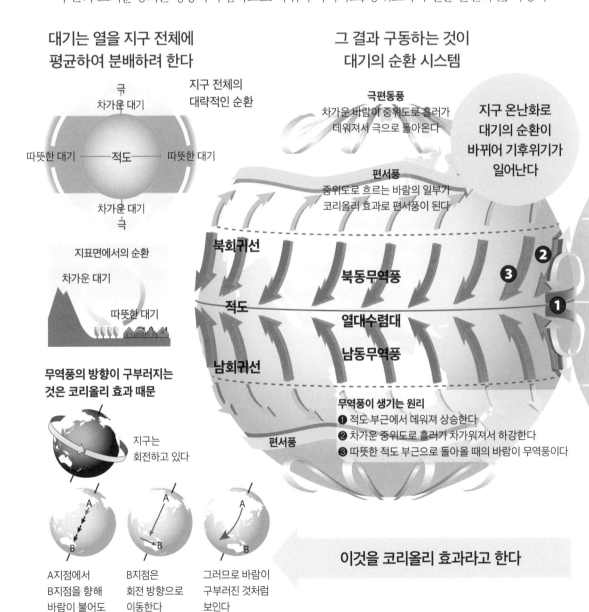

대기는 열을 지구 전체에 평균하여 분배하려 한다

극
차가운 대기

지구 전체의 대략적인 순환

따뜻한 대기 ── 적도 ── 따뜻한 대기

차가운 대기
극

지표면에서의 순환

차가운 대기

따뜻한 대기

무역풍의 방향이 구부러지는 것은 코리올리 효과 때문

지구는 회전하고 있다

A지점에서 B지점을 향해 바람이 불어도

B지점은 회전 방향으로 이동한다

그러므로 바람이 구부러진 것처럼 보인다

그 결과 구동하는 것이 대기의 순환 시스템

극편동풍
차가운 바람이 중위도로 흘러가 데워져서 극으로 돌아온다

지구 온난화로 대기의 순환이 바뀌어 기후위기가 일어난다

편서풍
중위도로 흐르는 바람의 일부가 코리올리 효과로 편서풍이 된다

북회귀선

북동무역풍

적도

열대수렴대

남동무역풍

남회귀선

편서풍

무역풍이 생기는 원리
❶ 적도 부근에서 데워져 상승한다
❷ 차가운 중위도로 흘러가 차가워져서 하강한다
❸ 따뜻한 적도 부근으로 돌아올 때의 바람이 무역풍이다

이것을 코리올리 효과라고 한다

여 적도 부근으로 돌아온다. 이렇게 적도로 돌아오려고 하는 기류가 무역풍이다. 중위도로 운반된 열은 편서풍에 의해 고위도로 향한다. 극지의 차가운 공기도 순환하여 고위도에서 열을 받아들인다. 이런 순환에 의해 대기 중의 열에너지가 분배되고 있다.

1,000년 규모의 해양 대순환

대기뿐만 아니라 해양의 물도 순환한다. 해수의 흐름에는 바람에 의한 것과 수온이나 염분 농도의 차이로 인한 것이 있다. 후자는 북극이나 남극 부근의 차가운 바닷물이 무거워져서 심층까지 가라앉았다가 표층으로 돌아오는 것이며 1,000~2,000년에 걸쳐 세계의 바다를 한 번 순환한다. 이 해양 대순환에 의해 차가운 해수와 따뜻한 해수의 온도차가 완화된다. 그러나 지구 온난화 때문에 차갑고 무거운 물이 줄어들어 순환이 약해질 가능성이 높아졌다.

해수의 순환 시스템
해수도 저위도에서 고위도로, 지구의 열을 운반하는 작용을 하고 있다

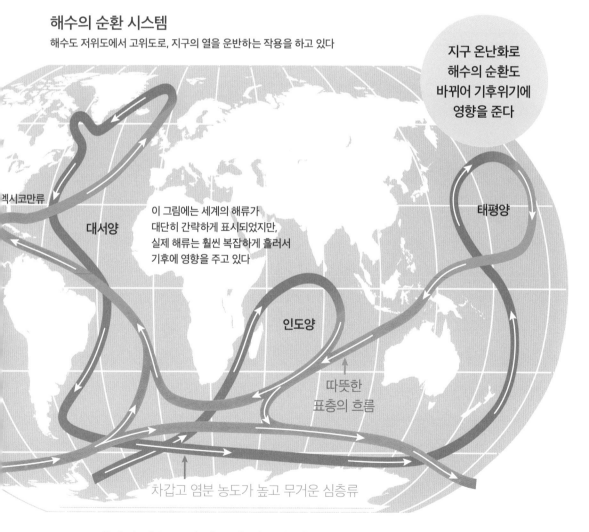

지구 온난화로 해수의 순환도 바뀌어 기후위기에 영향을 준다

멕시코만류

대서양

이 그림에는 세계의 해류가 대단히 간략하게 표시되었지만, 실제 해류는 훨씬 복잡하게 흘러서 기후에 영향을 주고 있다

태평양

인도양

따뜻한 표층의 흐름

차갑고 염분 농도가 높고 무거운 심층류

**해양의 얕은 곳의 따뜻한 해수와 깊은 곳의 차가운 해수가
1,000~2,000년에 걸쳐 순환하고 있다**

바다 - 하늘 - 땅을 오가는 물 순환 시스템

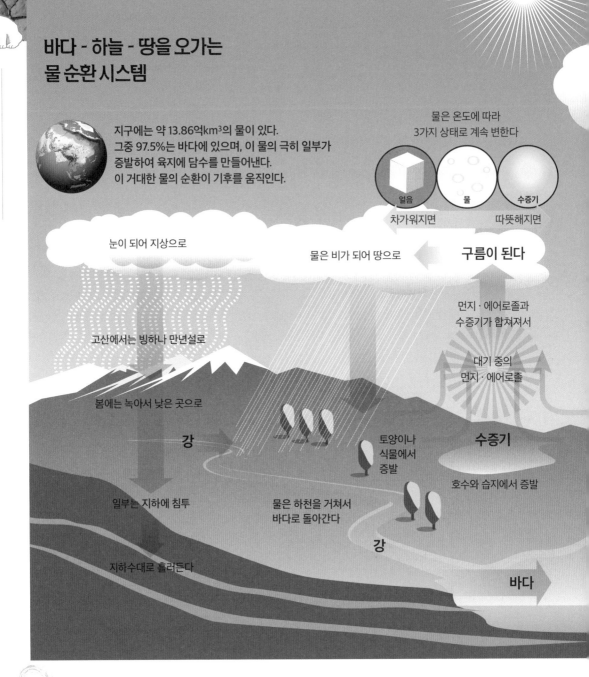

지구에는 약 13.86억km³의 물이 있다.
그중 97.5%는 바다에 있으며, 이 물의 극히 일부가
증발하여 육지에 담수를 만들어낸다.
이 거대한 물의 순환이 기후를 움직인다.

물은 온도에 따라
3가지 상태로 계속 변한다

얼음   물   수증기

차가워지면   따뜻해지면

눈이 되어 지상으로

물은 비가 되어 땅으로

구름이 된다

먼지 · 에어로졸과
수증기가 합쳐져서

대기 중의
먼지 · 에어로졸

고산에서는 빙하나 만년설로

봄에는 녹아서 낮은 곳으로

강

토양이나
식물에서
증발

수증기

호수와 습지에서 증발

일부는 지하에 침투

물은 하천을 거쳐서
바다로 돌아간다

강

지하수대로 흘러든다

바다

자연계를 이동하는 물

바닷물이 바다 속에서만 순환하는 것은 아니다. 바다와 하늘과 땅에 걸친 또 하나의 커다란 물의 순환 시스템이 있다. 지구상에는 약 14억km³의 물이 있으며, 그중 약 97.5%는 바다에, 나머지는 강이나 호수, 빙상이나 빙하, 지하 등에 있다. 물 전체의 양은 거의 일정하며 액체뿐만 아니라 고체(얼음), 기체(수증기)로 형태를 바꾸며 끊임없이 지구상을 움직이고 있다.

물방울이 모여서 구름이 생긴다

바다나 강 등의 물은 데워져서 증발하고, 수증기가 되어 상승한다. 이 수증기가 상공에서 차가워

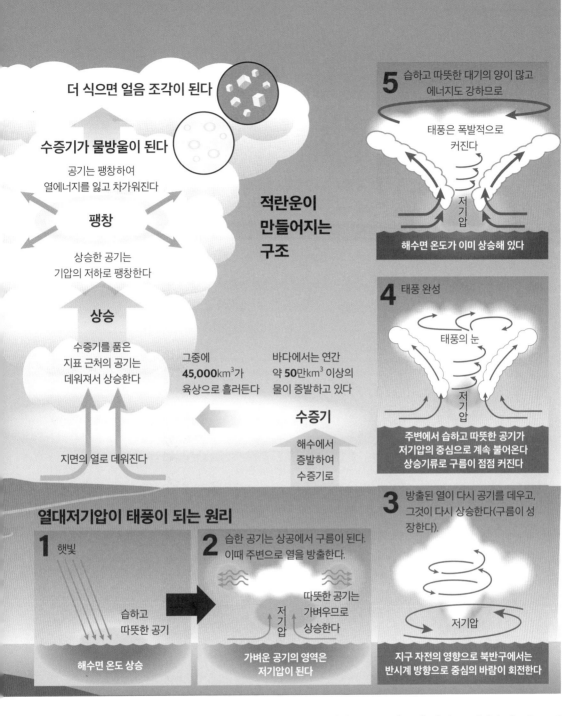

지면 구름을 만들어 비나 눈으로 내린다. 비나 눈은 지면으로 스며들어 일부는 지하수가 되고, 일부는 용출수(솟아나는 물)가 되어 강으로 흘러들어 가며, 마지막에는 바다로 돌아간다.

이런 물의 순환 시스템 중에서도 커다란 역할을 하는 것이 구름이다. 수증기는 공기 중의 먼지에 달라붙어서 상승한다. 상공으로 갈수록 기압이 낮아지므로, 즉 주변에서 누르는 힘이 약해지므로 수증기를 품은 공기는 팽창한다. 팽창하기 위해 에너지를 사용하므로 온도가 내려가고, 수증기는 물방울로 모양이 바뀐다. 구름은 바로 이런 물방울이 모인 것이다. 구름 속의 물방울이 늘어나서 서로 부딪쳐 커다란 물방울이 되면 무게를 이기지 못해 비가 되어 떨어진다. 이때 상공의 온도가 낮으면 물방울은 얼어서 눈이 된다.

탄소는 생명권과 자연계를 연결하면서 순환한다

CO_2를 이용하는 동식물

지구를 데우는 온실가스로 작용하는 이산화탄소(CO_2)는 탄소 원자 1개와 산소 원자 2개가 결합한 탄소 화합물이다. 탄소는 산소나 수소와 마찬가지로 생명을 유지하는 데 꼭 필요한 원자이며 당이나 전분, 단백질 등 다양한 탄소 화합물로 형태를 바꾸어 자연계를 순환하고 있다. 이것을 '탄소 순환'이라고 하는데, 여기서 식물이 중요한 역할을 한다. 식물은 대기 중에 함유된 CO_2를, 광합성을 통해 당이나 전분으로 바꾸어 성장한다. 그것을 먹은 동물은 호흡을 통해 CO_2를 배출하고, 생명이 다하면 미생물에 의해 분해되고, 다시 CO_2가 되어 대기로 돌아간다.

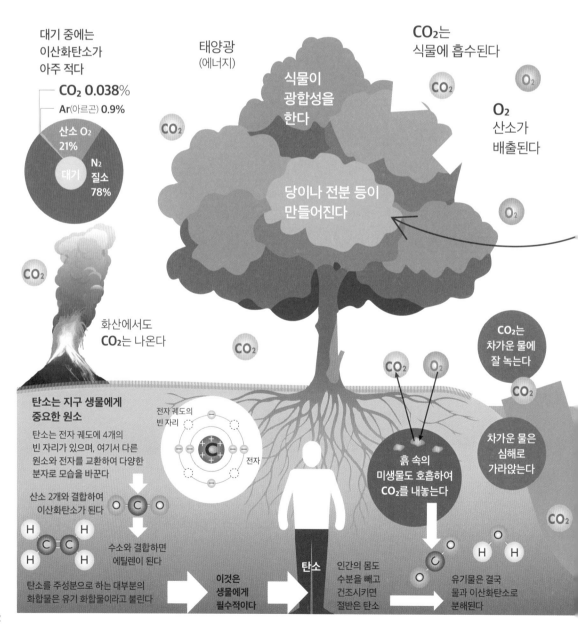

대기 중에는 이산화탄소가 아주 적다

CO₂ 0.038%
Ar(아르곤) 0.9%
산소 O₂ 21%
대기
N₂ 질소 78%

태양광 (에너지)

CO_2는 식물에 흡수된다

식물이 광합성을 한다

당이나 전분 등이 만들어진다

O_2 산소가 배출된다

화산에서도 CO_2는 나온다

CO_2는 차가운 물에 잘 녹는다

차가운 물은 심해로 가라앉는다

탄소는 지구 생물에게 중요한 원소

탄소는 전자 궤도에 4개의 빈 자리가 있으며, 여기서 다른 원소와 전자를 교환하여 다양한 분자로 모습을 바꾼다

전자 궤도의 빈 자리

전자

산소 2개와 결합하여 이산화탄소가 된다

수소와 결합하면 에틸렌이 된다

탄소를 주성분으로 하는 대부분의 화합물은 유기 화합물이라고 불린다

이것은 생물에게 필수적이다

흙 속의 미생물도 호흡하여 CO_2를 내놓는다

인간의 몸도 수분을 빼고 건조시키면 절반은 탄소

탄소

유기물은 결국 물과 이산화탄소로 분해된다

마찬가지로, 바다의 생물 사이에서도 탄소 교환이 이루어지고 있다.

또한 29쪽에서 보았듯이, 바닷물은 차가운 해역에서는 무거워져서 깊은 곳까지 가라앉는다. 이 때 대기에서 바다로 녹아든 CO_2도 함께 가라앉으며, 수십 년에서 수천 년이라는 오랜 시간 동안 심해에 갇혀 있다가 마침내 바다의 표층으로 나타나서 대기로 돌아간다.

탄소 순환에서 벗어난 인간 활동

탄소 순환에 의해 대기 중에서 흡수되는 CO_2와 방출되는 CO_2 양은 균형을 이루고 있었다. 그런데 인간이 석탄이나 석유를 태우게 되었기 때문에 대기 중의 CO_2가 증가하고 있다. 석탄이나 석유는 몇 억 년 전 동식물의 화석이며 탄소로 구성되어 있다. 오랫동안 땅속에 묻혀 있던 탄소를 인간이 단기간에 대기 중으로 방출하여 탄소 순환을 교란시키고 있는 것이다.

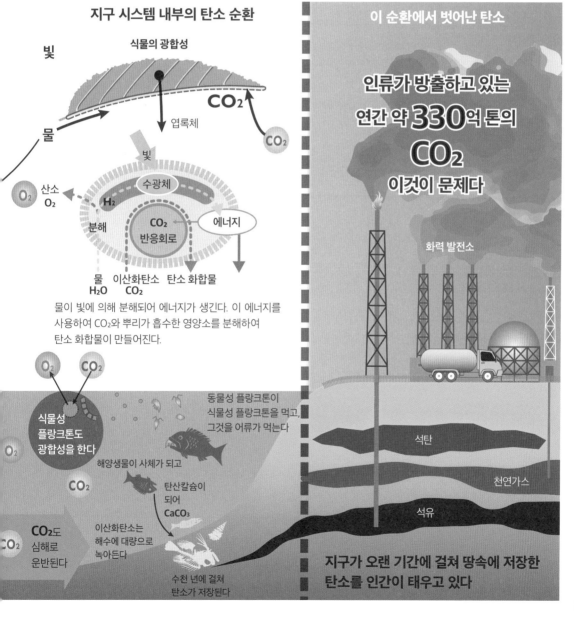

지구 시스템 내부의 탄소 순환

빛

물

식물의 광합성

CO_2

CO_2

엽록체

빛

산소 O_2

O_2

H_2

수광체

분해

CO_2 반응회로

에너지

물 H_2O　이산화탄소 CO_2　탄소 화합물

물이 빛에 의해 분해되어 에너지가 생긴다. 이 에너지를 사용하여 CO_2와 뿌리가 흡수한 영양소를 분해하여 탄소 화합물이 만들어진다.

O_2　CO_2

O_2

식물성 플랑크톤도 광합성을 한다

CO_2

CO_2도 심해로 운반된다

이산화탄소는 해수에 대량으로 녹아든다

동물성 플랑크톤이 식물성 플랑크톤을 먹고, 그것을 어류가 먹는다

해양생물이 사체가 되고

탄산칼슘이 되어 $CaCO_3$

수천 년에 걸쳐 탄소가 저장된다

이 순환에서 벗어난 탄소

인류가 방출하고 있는 연간 약 330억 톤의 CO_2 이것이 문제다

화력 발전소

석탄

천연가스

석유

지구가 오랜 기간에 걸쳐 땅속에 저장한 탄소를 인간이 태우고 있다

PART 2 지구의 기후 시스템은 어떻게 작동할까 ⑥

기후가 복잡한 이유는
다양한 요소가 얽혀 있기 때문이다

대기와 바다의 순환이 기후를 결정한다

아래 지도는 '쾨펜의 기후 구분'을 색깔로 구별한 것이다. 이렇게 지역에 따라 기후가 다른 이유는 무엇일까? 태양열이 가장 많이 닿는 적도 부근에서는 열로 데워진 공기가 수증기를 품고 상승하여 구름을 만들어 비를 뿌린다. 이것이 고온다우의 열대우림기후다. 열대에 비를 뿌린 공기는 대기의 순환에 의해 중위도까지 오면 하강하여 뜨겁고 건조한 공기를 지표에 도달시킨다. 또한 하강기류가 발생하는 곳에는 구름이 생기지 않으므로 비가 거의 내리지 않는다. 그래서 1년 내내 건조한 사막기후가 생긴다.

지구의 복잡한 기후는 물과 대기와 온도의 상호작용 결과

열대우림기후
가장 더운 지대. 열대저기압대이기도 하다. 해수면 등의 수증기가 상승하여 많은 비가 내린다.

열대몬순기후
몬순(계절풍)의 영향이 있으며, 건기가 있고 쌀농사를 짓는다.

사바나기후
여름에는 많은 비, 겨울에는 적은 비가 특징. 건조에 강한 수목이 초원을 만든다.

스텝기후
1년 내내 비가 적고 우기에 약간의 비가 내린다. 낮과 밤의 기온차가 크다.

사막기후
연간 기온 10℃ 이상이며, 비가 거의 내리지 않는 지대.

지중해성기후
지중해와 중위도의 서해안 지역. 겨울에 비가 많고 여름은 건조하다.

온난동계소우기후
각 대륙의 사바나기후와 온난습윤기후의 중간 지역.

온난습윤기후
사계가 있으며 여름은 고온다습, 겨울은 저온건조하다.

서안해양성기후
대륙 서안의 고위도 지방에 많다. 여름이 서늘하여 지내기 좋다.

냉대(아한대)습윤기후
북반구의 북위 40도 이북의 대부분 지역. 지구상에 가장 넓게 분포한다. 여름은 10℃를 넘지만 겨울은 -3℃를 밑돈다. 겨울에 눈이 많이 내린다.

냉대(아한대)동계소우기후
동계에는 -30℃를 넘는 지역도 있다. 비는 적게 온다.

툰드라기후
따뜻한 시기에 -3℃ 이상 10℃ 미만. 1년 내내 거의 빙설에 덮여 있다.

빙설기후
1년 내내 빙설에 덮여 있다. 식물이 자라지 못하고 인간도 거주할 수 없다.

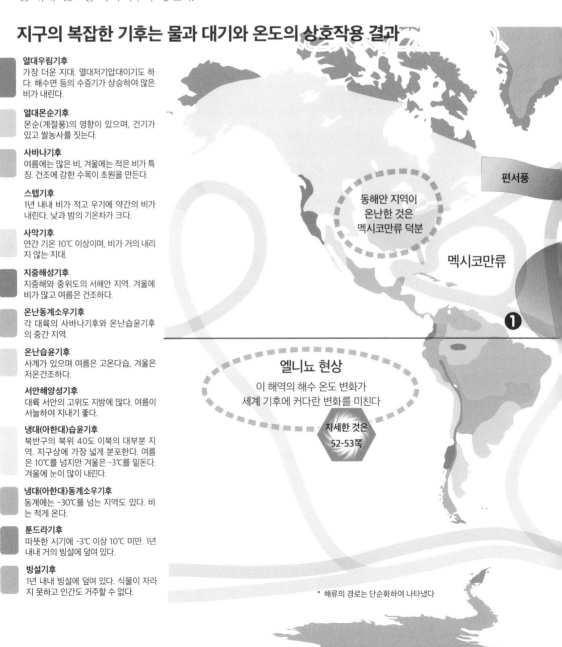

편서풍

동해안 지역이 온난한 것은 멕시코만류 덕분

멕시코만류

❶

엘니뇨 현상
이 해역의 해수 온도 변화가 세계 기후에 커다란 변화를 미친다

자세한 것은 52-53쪽

* 해류의 경로는 단순화하여 나타냈다

기류가 수직으로 이동하는 데 비해 바람은 수평 방향으로 흐른다. 바람은 기압이 높은 곳(고기압)에서 낮은 곳(저기압)으로 공기가 흐름으로써 생긴다. 아시아에서는 여름에는 해상의 고기압에서 육지의 저기압을 향해 남동풍이 불고, 겨울에는 기압 배치가 반대가 되어 북서풍이 분다. 이것은 몬순(계절풍)이라고 불리며 여름은 우기, 겨울은 건기를 초래한다.

일본에 태풍이 많이 상륙하는 것도 바람의 영향이다. 태풍은 열대저기압이 발달한 것이며, 무역풍과 편서풍이 바람에 떠밀려 활처럼 구부러져 진로를 바꾸어 일본을 직접 강타한다. 서유럽은 고위도인데도 겨울에도 비교적 온난한 것은 남방의 바다에서 흘러오는 난류와 그 위에 부는 편서풍이 따뜻한 공기를 운반해 오기 때문이다.

이처럼 대기나 해양의 순환, 지형 등이 상호작용함으로써 지구상에 복잡한 기후가 만들어지고 있다.

일본에 태풍이 많은 이유는 편서풍 때문

1 적도 부근에서 커다란 열대저기압이 생겨 태풍으로 성장한다

2 북동쪽에서 무역풍에 밀려서 서쪽으로 나아간다

3 대륙에서 부는 편서풍에 의해 진로가 구부러진다

4 일본 열도를 따라 동쪽으로 전진한다

난류

유럽은 고위도지만 편서풍과 난류 덕분에 겨울이 따뜻하고 여름은 서늘한 서안해양성기후

편서풍

2

3 중위도대에 사막이 생긴다

열대저기압과 중위도 부근 고기압의 대기순환

1 적도 부근 바닷물의 열로 수증기가 발생하고, 상승하여 구름을 만들고, 비를 내린다(열대저기압의 발생).

2 그 대기가 서늘한 고위도로 이동하여 상공에서 식어서 하강하므로(중위도 30도 부근의 고기압 발생) 구름이 생기지 못해 건조지대를 만든다.

3 하강한 공기는 열대의 저기압대로 다시 불어간다. 이것이 무역풍이다.

여름에 큰비를 내리게 하는 아시아 몬순의 대기순환

1 육지의 고열로 상승기류가 생겨난다

2 고온의 대기는 비교적 낮은 해양으로 이동한다

3 상공에서 식어서 하강하여 고기압대를 만든다

4 바다의 수증기를 품은 바람이 대륙으로 불어온다

5 히말라야 산맥에 부딪혀서 많은 비를 내리게 한다

오스트레일리아가 건조한 이유

사막지대가 펼쳐져 있고 최근 들어 가뭄이 계속되고 산불이 많이 일어난다

북반구의 중위도 지대와 똑같은 대기순환이 일어나고 있다

남극환류

기상관측 시스템은
일기예보만 할까?

다양한 기상관측 시스템

기상(날씨)은 시시각각으로 변화한다. 그 움직임을 따라잡기 위해 기상청이 전국 각지에 기상대나 관측소를 두어 기압, 기온, 습도, 풍향, 풍속, 강수량 등의 기상관측을 하고 있다. 일본은 약 1,300곳에 지역 기상관측 시스템 '아메다스AMeDAS'를 설치하여 각 지역의 기온, 강수량, 바람, 일조 시간 등을 자동적으로 관측하고 있다. 그리고 상공의 대기를 측정하는 라디오존데Radiosonde, 광범위하게 존재하는 비나 눈을 관측하는 기상 레이더, 우주 공간에서 구름이나 수증기를 관측하는 정지 기상위성 '히마와리' 등 다양한 방법으로 관측 데이터가 수집되며, 이것은

세계 기상위성 관측망

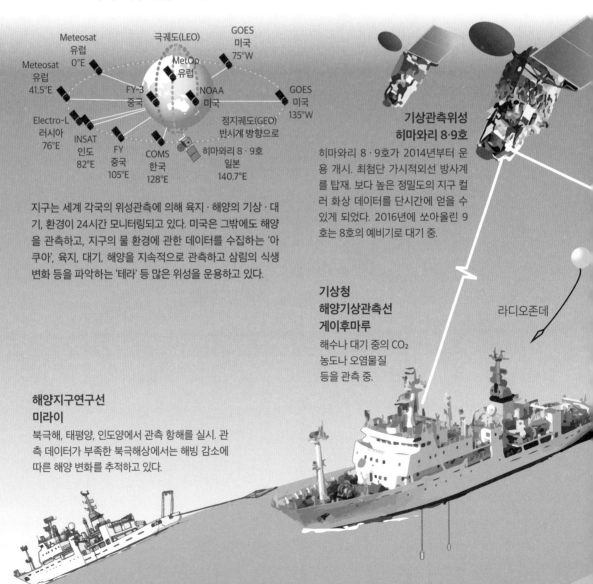

Meteosat 유럽 0°E
Meteosat 유럽 41.5°E
극궤도(LEO)
MetOp 유럽
GOES 미국 75°W
FY-3 중국
NOAA 미국
GOES 미국 135°W
Electro-L 러시아 76°E
INSAT 인도 82°E
FY 중국 105°E
COMS 한국 128°E
정지궤도(GEO) 반시계 방향으로
히마와리 8·9호 일본 140.7°E

지구는 세계 각국의 위성관측에 의해 육지·해양의 기상·대기, 환경이 24시간 모니터링되고 있다. 미국은 그밖에도 해양을 관측하고, 지구의 물 환경에 관한 데이터를 수집하는 '아쿠아', 육지, 대기, 해양을 지속적으로 관측하고 삼림의 식생 변화 등을 파악하는 '테라' 등 많은 위성을 운용하고 있다.

일본이 운용하는 기상관측 시스템

기상관측위성
히마와리 8·9호

히마와리 8·9호가 2014년부터 운용 개시. 최첨단 가시적외선 방사계를 탑재. 보다 높은 정밀도의 지구 컬러 화상 데이터를 단시간에 얻을 수 있게 되었다. 2016년에 쏘아올린 9호는 8호의 예비기로 대기 중.

라디오존데

기상청
해양기상관측선
게이후마루

해수나 대기 중의 CO_2 농도나 오염물질 등을 관측 중.

해양지구연구선
미라이

북극해, 태평양, 인도양에서 관측 항해를 실시. 관측 데이터가 부족한 북극해상에서는 해빙 감소에 따른 해양 변화를 추적하고 있다.

일기예보 등에 유용하게 활용되고 있다.

국제적으로 제휴하여 전 지구를 관측한다

기상관측은 일기예보만 하기 위한 것이 아니다. 현재의 기상관측은 기후변화나 지구 환경의 변화를 관측하는 임무도 있다. 기상청은 해양기상관측선에 의해 해상의 대기나 해수 중의 CO_2를 관측하고 있다. 일본 우주항공연구개발기구JAXA는 기후변화나 온실가스 등을 관측하기 위해 복수의 인공위성을 쏘아올리고 있다(우리나라도 2010년 천리안 위성 1호를 발사해서 해양 및 기상관측을 하고 있으며, 세계 7번째 기상관측위성 보유국이자 세계 최초 해양관측 정지위성 보유국이다. - 감수자).

2005년에는 국제조직인 '지구관측그룹'이 발족했다. 세계 각국이 연계하여 지구 전체를 관측하는 '전 지구 관측 시스템GEOSS'을 구축하여 지구 환경 문제를 해결하려 노력하고 있다.

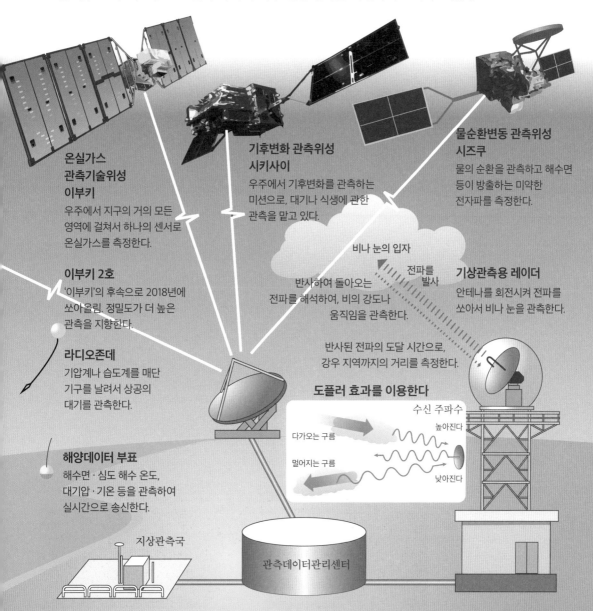

온실가스 관측기술위성 이부키
우주에서 지구의 거의 모든 영역에 걸쳐서 하나의 센서로 온실가스를 측정한다.

이부키 2호
'이부키'의 후속으로 2018년에 쏘아올림. 정밀도가 더 높은 관측을 지향한다.

라디오존데
기압계나 습도계를 매단 기구를 날려서 상공의 대기를 관측한다.

해양데이터 부표
해수면 · 심도 해수 온도, 대기압 · 기온 등을 관측하여 실시간으로 송신한다.

기후변화 관측위성 시키사이
우주에서 기후변화를 관측하는 미션으로, 대기나 식생에 관한 관측을 맡고 있다.

물순환변동 관측위성 시즈쿠
물의 순환을 관측하고 해수면 등이 방출하는 미약한 전자파를 측정한다.

비나 눈의 입자

전파를 발사

반사하여 돌아오는 전파를 해석하여, 비의 강도나 움직임을 관측한다.

기상관측용 레이더
안테나를 회전시켜 전파를 쏘아서 비나 눈을 관측한다.

반사된 전파의 도달 시간으로, 강우 지역까지의 거리를 측정한다.

도플러 효과를 이용한다

수신 주파수

다가오는 구름 — 높아진다

멀어지는 구름 — 낮아진다

지상관측국

관측데이터관리센터

기후 모델로
지구의 미래를 예측한다

대기의 변화를 시뮬레이션하고 있다

텔레비전 일기예보에서는 비구름이나 기압의 위치가 앞으로 어떻게 변화할 것인지를 알기 쉽게 동영상으로 보여준다. 이처럼 미래의 날씨를 자세히 예측할 수 있는 것은 기상위성 등에서 수집한 관측 데이터를 토대로 슈퍼컴퓨터를 이용하여 대기 상태를 시뮬레이션하고 있기 때문이다. 날씨는 시시각각 변화하므로 파악하기 힘들 것 같지만, 바람이 불거나 비가 내리는 것은 물리현상이다. 그러므로 물리 법칙에 토대한 수식으로 나타낼 수 있으며, 컴퓨터로 계산하여 지구의 날씨를 예측할 수 있다.

이산화탄소 배출량이 2배가 된다면
지구의 기후가 어떻게 될지 알고 싶지만
지구가 하나뿐이라 시험해볼 수 없다.

지구 전체 기후를 시뮬레이션할 수 있는
전 지구 기후 모델 탄생

그렇다면 또 하나의 지구를 만들자

지구 전체의 기상
데이터는 너무나
방대하다.

▶ 그래서 지구를
1억 3,000만 개의
격자로 분할했다.

오른쪽 페이지에 있는 것과 같은 기상 현상을
수치 모델화하여 다양한 조건 데이터를 입력함으로써
기상 현상을 시뮬레이션하는 컴퓨터 시스템

이 격자는 수평으로 100km, 수직 방향으로 약 1km.
이 공간을 단위로 기상모델을 계산하여
전체 지구의 기후를 시뮬레이션한다.

기상 예측은 컴퓨터의 진화와
함께 발전했다. 사진은 일본의
해양연구개발기구가 운용하는
슈퍼컴퓨터인 '지구 시뮬레이터'로
2002년에 가동을 시작했다.
기후위기 예측 등 정밀도가
높은 시뮬레이션을 하여
IPCC 보고서에도 공헌했다.

기후 모델로 기후위기를 예측한다

컴퓨터 시뮬레이션은 일기예보뿐만 아니라 장기간에 걸친 기후의 변화를 예측하는 데에도 이용된다. 그것이 지구의 기후 시스템을 재현한 '기후 모델'이다. 지구 전체의 기후를 시뮬레이션하는 모델을 전 지구 기후 모델GCM이라고 한다.

기후 모델은 기후의 변화 메커니즘 연구나 지구 온난화 예측 등을 목적으로 개발되며, 일본에서는 슈퍼컴퓨터 '지구 시뮬레이터'를 이용한 기후 모델이나 기상청 기상연구소의 '지구 시스템 모델'이 알려져 있다.

과거부터 현재까지의 방대한 데이터를 토대로, 컴퓨터 안에서 가상지구를 만들어 미래를 예측하려는 시도가 여러 나라에서 이루어지고 있다. 기후모델이 끌어낸 예측은 나라의 정책결정 등에 유용하게 활용되고 있다.

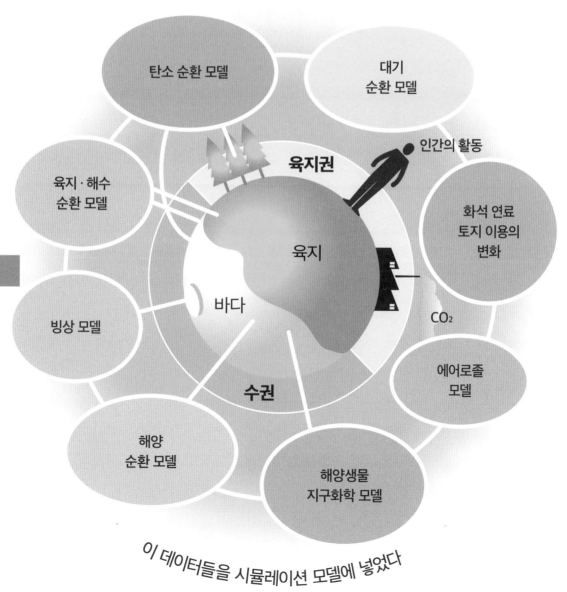

이 데이터들을 시뮬레이션 모델에 넣었다

지구 46억년,
기후변화는 여러 번 반복되었다

한랭기와 온난기는 반복된다

지구의 기후는 46억 년이라는 긴 역사 속에서 한랭기와 온난기를 반복해왔다. 약 40억 년 전에 탄생한 생명은 극적인 기후의 변화 속에서 진화해온 것이다. 약 25억 년 전에서 약 5억 4천만 년 전까지의 원생대에는 지구 전체가 얼어붙은 눈덩이 지구(snow ball earth, 지구 동결)라고 불리는 대 빙하기가 몇 번 있었던 것으로 짐작된다. 그 후 화산 분화에 의해 CO_2가 늘어나고, 지구가 온난 화하여 다양한 다세포생물이 생겨났다. 처음에는 바다 속에서만 살던 동식물이 마침내 육지로 올라왔다. 약 3억 6천만~3억 년 전의 석탄기에는 대삼림이 발달했는데, 이 시대의 식물 화석이

지구 46억 년과 기후변화의 역사

46억 년 전
지구 탄생

44억 년 전 무렵
지구에 바다가 생긴다

40억 년 전 무렵
최초의
단세포생물
탄생

눈덩이 지구 시대
23억 년 전
지구 온도가 -40℃가 되고,
지구 전체가 얼음으로 뒤덮였다

이 동안에 생명체가 끈질기게 살아남아
다세포생물로 진화했다

7억 년 전

6.5억 년 전
지구의 얼음이
녹는다

6억 년 전

다세포생물의
폭발적인 증식

**캄브리아
대폭발**

대기 중의
산소 증가

대량 발생한
물속 조류의
광합성

태양의 흑점이 사라져서

현재의 우리들
CO_2
지구 온난화에
따른 기후 대위기가
일어나려 하고 있다

코로나19
바이러스에 따른
팬데믹까지 발생

18세기 후반
산업혁명
이산화탄소의 배출

13세기
지구가 한랭화한다
유럽 수난의 시대
기후불순·흉작
기아가 발생
전란이 일어난다

Le Petit Journal

흑사병 등
감염병의 유행

900년 무렵
지구가 따뜻해진다

유럽 중세는
따뜻한 시대

농업의 융성

**제4한랭기
기원전 100년 무렵**
추위를 피해
기마유목민이 남하

흉노의 남하

훈족의 남하
기후변화로 세계가 격동했다

게르만족의 대이동

중국의 대혼란

현재 연료로 사용되고 있는 석탄이다.

생물을 좌지우지한 기후변화

생물은 과거에 다섯 번의 대멸종을 경험했다. 온난한 기후가 계속되어 오랜 기간 존속했던 공룡도 소행성 충돌에 따른 환경변화로 약 6500만 년 전에 멸종했다. 그 후 포유류가 번영하고 인류의 조상이 탄생했다. 한편, 지구는 한랭화하여 빙하시대를 맞이했다. 빙하가 확대하는 빙기와 온난해지는 간빙기가 약 10만 년 주기로 반복되었고, 최후의 빙기가 끝난 것은 약 1만 년 전이다. 이후 간빙기가 계속되는 동안에도 소규모 한랭기와 온난기가 주기적으로 찾아왔다. 이런 기후변화 주기는 지구 자전 등에 의한 태양의 일조량 변화 때문인 것으로 짐작된다. 그렇다면 현재의 기후변화는 지금까지의 그것과 어떻게 다를까. 다음 페이지에서 자세히 알아보자.

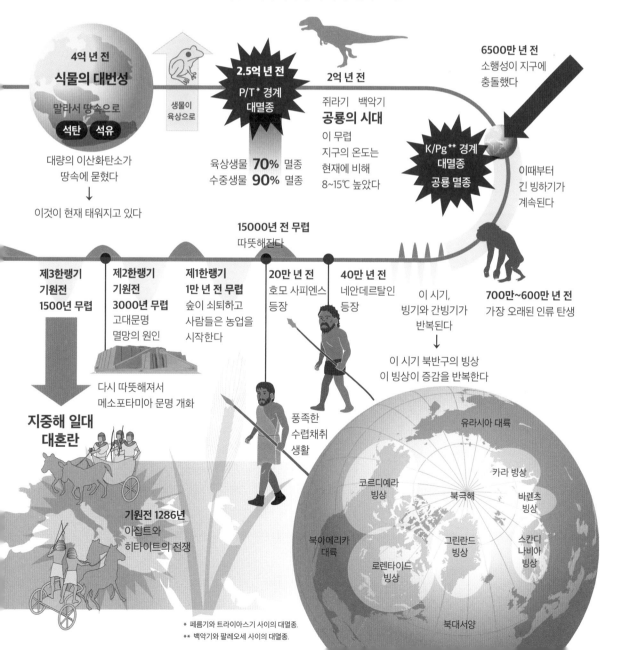

4억 년 전
식물의 대번성

말라서 땅속으로

석탄　석유

대량의 이산화탄소가
땅속에 묻혔다

이것이 현재 태워지고 있다

생물이
육상으로

2.5억 년 전
P/T* 경계
대멸종

육상생물 **70%** 멸종
수중생물 **90%** 멸종

2억 년 전

쥐라기　백악기
공룡의 시대

이 무렵
지구의 온도는
현재에 비해
8~15℃ 높았다

6500만 년 전
소행성이 지구에
충돌했다

K/Pg** 경계
대멸종
공룡 멸종

이때부터
긴 빙하기가
계속된다

15000년 전 무렵
따뜻해진다

제3한랭기
기원전
1500년 무렵

지중해 일대
대혼란

기원전 1286년
이집트와
히타이트의 전쟁

제2한랭기
기원전
3000년 무렵
고대문명
멸망의 원인

다시 따뜻해져서
메소포타미아 문명 개화

제1한랭기
1만 년 전 무렵
숲이 쇠퇴하고
사람들은 농업을
시작한다

20만 년 전
호모 사피엔스
등장

풍족한
수렵채취
생활

40만 년 전
네안데르탈인
등장

이 시기,
빙기와 간빙기가
반복된다

이 시기 북반구의 빙상
이 빙상이 증감을 반복한다

700만~600만 년 전
가장 오래된 인류 탄생

유라시아 대륙

카라 빙상

코르디예라
빙상

북극해

바렌츠
빙상

북아메리카
대륙

그린란드
빙상

스칸디
나비아
빙상

로렌타이드
빙상

북대서양

* 페름기와 트라이아스기 사이의 대멸종.
** 백악기와 팔레오세 사이의 대멸종.

PART. 3

그리고,
기후 대위기가
시작되었다

온난화가 인간 활동 때문에 일어났다고
말할 수 있는 이유는?

자연에는 있을 수 없는 기온 상승

앞에서 보았듯이 지구의 기후는 태양의 일조량 변화나 화산의 분화 등에 의해, 지금까지 몇 번이나 변동을 반복해왔다. 그러므로 지금 진행하고 있는 온난화도 자연이 일으키고 있다고 생각하는 사람들이 있다.

지구 온난화 재판 방청기

1. 기온은 언제부터 상승했을까?

지구가 인류를 고발한 것은 부당합니다. 열이 나는 것은 지구 자체의 병입니다.

피고
인류

판사

원고
지구

판사님, 제 몸은 정상적으로 작동하고 있습니다. 제가 열이 나는 건 인류의 활동 때문입니다.

판사

지구 씨는 그걸 증명할 수 있습니까?

예, 제가 열이 나는 시기는 여기입니다. 이 시기는 인류의 산업 활동에 의해 CO_2가 증가한 시기와 일치합니다.

기온편차(℃)

자연에서 기원하는 복사 강제력

— CMIP3
— CMIP5
— 관측

포인트
이 시기부터
기온이 상승

1.5
1.0
0.5
0.0
-0.5

1860 1880 1900 1920 1940 1960 1980 2000년

2. 기온이 상승한 원인은 뭘까?

판사님, 말도 안 됩니다. 기온은 자연스러운 변동으로도 상승합니다. 인류만 범인인 것은 아닙니다.

피고

판사

판사님, 기온 상승이 인류 때문이라는 것을, 전 지구 기후 모델이 증언할 겁니다.

← 전 지구 기후 모델

왼쪽 아래 그래프의 빨간색과 파란색 선은 지구의 자연스러운 기온 변화입니다. 거기에다 인류의 활동 데이터를 넣어 시뮬레이션을 했습니다.

그러자 아래 그래프와 같은 결과가 나왔습니다.

기온편차(℃)

자연 및 인위적 기원의 복사 강제력

— CMIP3
— CMIP5
— 관측

기온 상승이
관측 결과와 일치했다

1.5
1.0
0.5
0.0
-0.5

1860 1880 1900 1920 1940 1960 1980 2000년

이런 생각을 깨뜨린 것이 38~39쪽에서 본 기후모델에 따른 시뮬레이션이다.

아래 그래프를 비교해보자. 자연변화만을 고려한 시뮬레이션 ②에서는 20세기 전반까지는 실제 기온 변화 ①을 거의 따라가면서 진행되지만 20세기 후반의 급격한 기온 상승은 재현되지 않는다. 한편, 여기에 온실가스 등의 영향을 더한 시뮬레이션 ③에서는 실제 기온과 똑같아 보이는 상승선을 그린다. 이런 결과를 반영하여 IPCC 제5차 평가보고서(자세한 것은 47쪽)는 95% 이상의 확률로 '20세기 중반 이후 온난화의 주요 원인은 인간의 활동일 가능성이 대단히 높다'고 결론짓고 있다. 인간은 지구의 기후까지도 바꿔버린 것이다.

3. 시뮬레이션 결과가 옳은 이유는?

판사님, 그 시뮬레이션은 과연 옳은 걸까요? 누가 입증할 수 있습니까?

원고 측은 그것을 입증할 수 있습니까?

올바른 증명에는 올바른 기준이 필요하죠. 아래 그래프는 20세기 지구의 기온 변화와, 그것을 과거로 거슬러 올라가서 시뮬레이션한 그래프입니다. 이것을 이용해서 검증해봅시다.

❸은 지구의 자연변화와 인류의 활동을 합쳐서 시뮬레이션한 결과입니다.

❶은 현실의 지구의 기온 변화를 나타내고 있습니다.

❶과 ❸의 그래프가 높은 확률로 일치합니다. 즉, 현실과 시뮬레이션이 일치하는 거죠.

이 결과는 지구의 기온 변화에 관해, 인류의 활동을 고려한 시뮬레이션 결과가 옳다는 것을 입증하고 있습니다.

❷는 지구의 자연스러운 변화만을 고려한 기온 변화죠.

1900년 1910년 1920년 1930년 1940년 1950년 1960년 1970년 1980년 1990년 2000년

CO₂를 줄이지 않으면
기온은 여기까지 올라간다!

 온난화를 입증한 IPCC

기후위기를 과학적으로 분석하여 세계 각국의 정책 결정에 커다란 영향을 주고 있는 것이 IPCC(기후변화에 관한 정부 간 협의체)라는 정부 간 조직이다. 1988년에 유엔환경계획UNEP과 세계기상기구WMO에 의해 설립되어, 지구 온난화가 인간의 활동 때문임을 세계에 알린 공로로 2007년에 노벨평화상을 받기도 했다.

IPCC 활동의 기본이 되는 자료는 전 세계 전문가 수천 명의 식견을 모아서 정기적으로 발표하는 보고서이다.

전 지구 기후 모델(GCM)은 2100년의 지구 기후를 예측한다

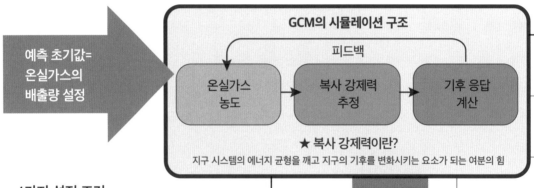

**예측 초기값=
온실가스의
배출량 설정**

GCM의 시뮬레이션 구조

피드백

온실가스
농도 → 복사 강제력
추정 → 기후 응답
계산

★ 복사 강제력이란?
지구 시스템의 에너지 균형을 깨고 지구의 기후를 변화시키는 요소가 되는 여분의 힘

4가지 설정 조건

① RCP 8.5 시나리오
기후 정책이 없는 경우. 복사 강제력 8.5, 2100년
단계에서 CO₂ 농도 936ppm

② RCP 6.0 시나리오
기후 정책은 있지만 CO₂ 배출은 계속되어 2100년
에도 절정을 넘지 않는다. CO₂ 농도 670ppm

③ RCP 4.5 시나리오
2100년까지 CO₂ 배출이 절정에 이르고, 이후로
안정. CO₂ 농도 538ppm

④ RCP 2.6 시나리오
2100년까지 CO₂ 배출이 절정에 이르고, 그 이후
에는 감소세로 돌아선다. CO₂ 농도 421ppm

시뮬레이션 시작

시뮬레이션은
과거의 결과와는 일치했다

1900년   1950년

100년 동안 최대 4.8℃ 상승

2013년에 발표된 최신 IPCC 제5차 평가보고서에서는 'RCP(Representative Concentration Pathways, 대표적 농도 경로) 시나리오'라고 불리는 것이 최초로 채용되었다. 이것은 인간이 배출하는 온실가스의 대기 중 농도를 통해 기후가 얼마나 변화하는지를, 4가지 시나리오에 따라 여러 가지 기후 모델로 시뮬레이션해본 것이다.

아래에 제시한 것은 2100년까지의 기온 상승을 예측한 시뮬레이션 결과이다. 1986~2005년의 평균기온을 0으로 하면, 이대로 CO₂ 등의 온실가스를 계속 배출한다고 상정한 시나리오 ①에서는 기온이 2.6~4.8℃ 상승한다. 온실가스의 배출을 가장 낮게 억제한 경우인 시나리오 ④에서도 0.3~1.7℃ 상승할 가능성이 높다고 IPCC는 결론 짓고 있다. 이 결과만 보아도 당장 온실가스를 줄이는 노력을 시작해야 한다는 것은 명백하다.

세계 평균기온 변화 예측 IPCC 제5차 보고서를 토대로 작성

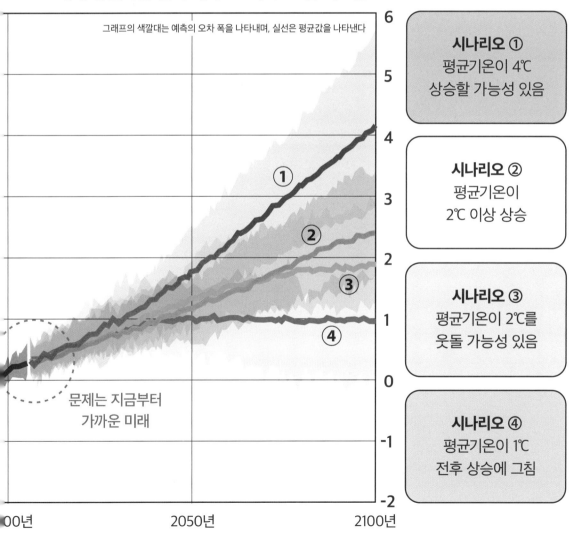

그래프의 색깔대는 예측의 오차 폭을 나타내며, 실선은 평균값을 나타낸다

문제는 지금부터 가까운 미래

시나리오 ①
평균기온이 4℃ 상승할 가능성 있음

시나리오 ②
평균기온이 2℃ 이상 상승

시나리오 ③
평균기온이 2℃를 웃돌 가능성 있음

시나리오 ④
평균기온이 1℃ 전후 상승에 그침

Part 3

지구 온난화로
이상기상이 세계적으로 증가한다

똑같은 지역에서 계속되는 비정상적인 고온

　최근 들어 세계 각지에서 이상기상이 빈번히 발생하고 있다. 아래 지도는 2015년에서 2019년 사이에 평년 기온을 웃도는 이상고온이 관측된 장소를 나타낸 것이다.

　이상기상이란 30년에 한 번 정도 일어나는 기상 현상을 가리키는데, 불과 5년 동안에 똑같은 지역에서 여러 번 이상고온이 기록되고 있음을 알 수 있다. 특히 남아프리카에서 모리셔스에 걸친 일대, 아시아 남부, 북미 남부에서 남미 북서부에 걸친 일대, 오스트레일리아 연안부는 해마다 이상고온에 시달리고 있다.

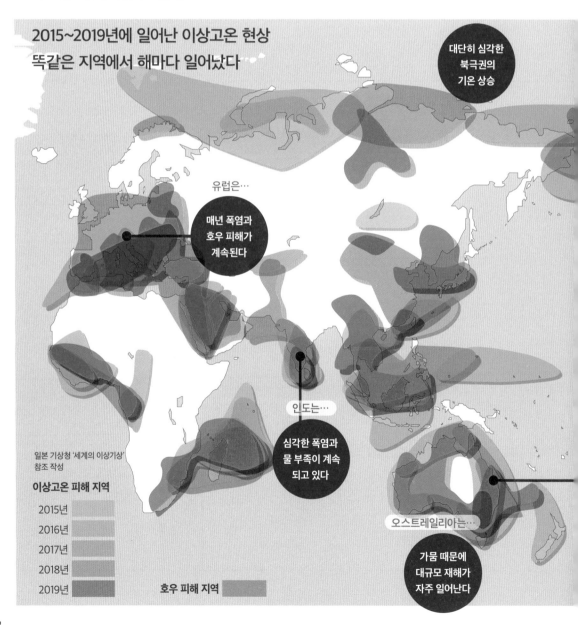

2015~2019년에 일어난 이상고온 현상
똑같은 지역에서 해마다 일어났다

대단히 심각한
북극권의
기온 상승

유럽은…

매년 폭염과
호우 피해가
계속된다

인도는…

심각한 폭염과
물 부족이 계속
되고 있다

일본 기상청 '세계의 이상기상'
참조 작성

이상고온 피해 지역

2015년
2016년
2017년
2018년
2019년

호우 피해 지역

오스트레일리아는…

가뭄 때문에
대규모 재해가
자주 일어난다

퍼붓는 비, 내리지 않는 비

이상인지 아닌지를 판단하는 기준이 되는 평균기온이 상승하고 있다. 일본 기상청에 따르면, 일본의 연평균기온은 100년 동안 1.24℃ 상승했으며, 특히 1990년대 이후 고온이 되는 해가 많아지고 있다. 도쿄만 보아도 100년 동안 3.2℃나 상승했다(우리나라의 경우 지난 100년 동안 약 1.7℃ 상승하였는데, 이는 일본은 물론 세계평균인 0.74℃보다 훨씬 높다. - 감수자).

온실가스뿐만 아니라, 인공 건조물에 둘러싸인 도시에 인구가 집중되는 것도 기온을 상승시키는 원인이 되고 있다. 기온이 상승하면 더 많은 수증기가 바다에서 발생하여 더 많은 비를 내린다. 이것이 요즘 증가하는 호우의 원인 중 하나이다. 반대로, 원래 비가 적은 지역에서는 기온 상승에 의해 더욱더 비가 내리지 않아 가뭄이나 산불 등의 피해를 초래한다. 이런 이상기상이 지구상의 여러 곳에서 빈번하게 발생하여 인간의 생활에 영향을 주기 시작하고 있다.

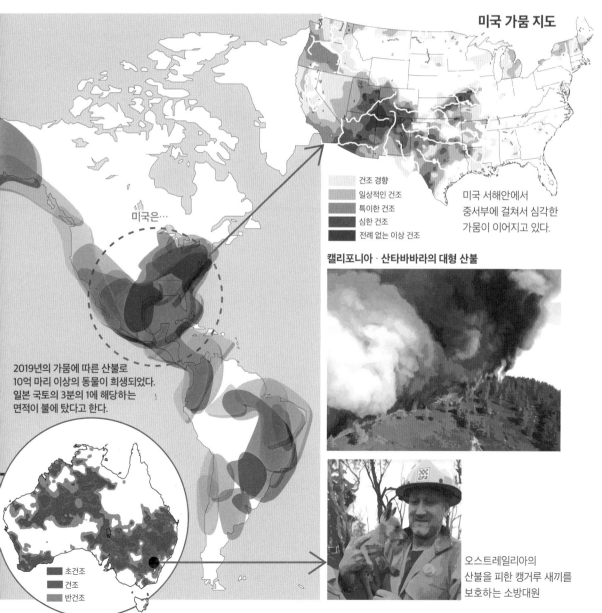

미국 가뭄 지도

건조 경향
일상적인 건조
특이한 건조
심한 건조
전례 없는 이상 건조

미국 서해안에서 중서부에 걸쳐서 심각한 가뭄이 이어지고 있다.

미국은…

2019년의 가뭄에 따른 산불로 10억 마리 이상의 동물이 희생되었다. 일본 국토의 3분의 1에 해당하는 면적이 불에 탔다고 한다.

초건조
건조
반건조

캘리포니아 · 산타바바라의 대형 산불

오스트레일리아의 산불을 피한 캥거루 새끼를 보호하는 소방대원

PART 3 그리고, 기후 대위기가 시작되었다 ④

유럽을 덮친 폭염은
북극의 온난화 때문이다

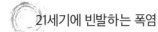 **21세기에 빈발하는 폭염**

2019년 여름, 두 번에 걸친 기록적인 폭염이 유럽을 덮쳤다. 프랑스에서는 관측사상 최고인 45.9℃를 기록했고, 열중증이나 일사병으로 약 1,500명이 사망했다.

폭염이란 평균기온을 크게 웃도는 고온의 공기가 어떤 지역을 뒤덮은 현상을 말한다. 넓은 지역에서 며칠에 걸쳐서 고온이 이어지는 것이 특징이다.

유럽은 과거에 여러 번 폭염 피해를 입었지만 특히 2003년 대폭염 이후 발생 빈도가 잦아지고 있으며, 이것은 지구 온난화의 영향으로 보인다.

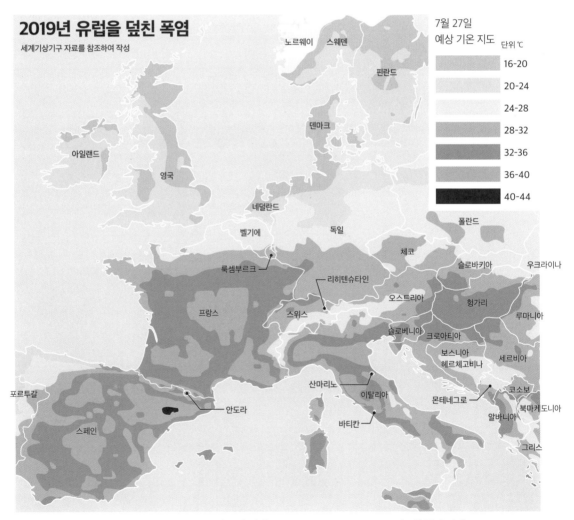

2019년 유럽을 덮친 폭염
세계기상기구 자료를 참조하여 작성

7월 27일
예상 기온 지도 단위 ℃

16-20	
20-24	
24-28	
28-32	
32-36	
36-40	
40-44	

노르웨이 스웨덴 핀란드 덴마크 아일랜드 영국 네덜란드 벨기에 독일 폴란드 룩셈부르크 체코 슬로바키아 우크라이나 리히텐슈타인 오스트리아 헝가리 루마니아 프랑스 스위스 슬로베니아 크로아티아 보스니아 헤르체고비나 세르비아 산마리노 이탈리아 코소보 몬테네그로 북마케도니아 포르투갈 안도라 바티칸 알바니아 스페인 그리스

2019년 폭염 피해
남프랑스에서 유럽 관측사상 최고 기온인 45.9℃를 기록. 유럽 전역에서 학교 폐쇄, 피난. 독일에서는 고속도로가 열 때문에 휘어지고, 스페인 산불로 100km²가 소실되었다.

2018년 폭염 피해
스페인, 포르투갈을 중심으로 폭염이 덮침. 포르투갈에서 최고 기온 45℃를 넘음. 그리스에서는 산불로 91명이 사망했으며 유럽 전역에서 농작물이 심각한 피해를 입었다.

2017년 8월 폭염 피해
스페인에서 루마니아까지 광범위하게 폭염이 덮침. 연일 40℃를 넘었고 64명이 사망. 이탈리아에서는 이 폭염을 성서의 타락천사 '루시퍼'라고 명명. 나폴리에서는 체감 온도 55℃ 기록했다.

북극의 온난화가 편서풍을 교란시킨다

　폭염은 북반구에서는 '블로킹 현상'에 의해 편서풍의 사행(굽이쳐 흐름)이 커져서 고기압이 오랫동안 같은 곳에 머물면 일어난다.

　아래 그림에 보이듯이, 적도 부근에서 흘러드는 따뜻한 바람이 사행하는 편서풍에 가로막혀서 때로는 길면 몇 주 동안이나 맑은 날이 이어진다. 그래서 밤이 되어도 대기가 식지 않고 기온이 점점 올라가는 것이다.

　최근 연구에 따르면, 폭염 발생에 북극의 온난화가 관련되어 있다고 한다. 편서풍은 북극의 차가운 공기와 적도의 따뜻한 공기의 온도차 때문에 생기는데, 북극의 온난화 때문에 온도차가 작아졌다. 그 때문에 편서풍의 속도가 느려지거나 사행이 커져 블로킹 현상을 일으키기 쉬워졌다. 편서풍이 불안정해지면 폭염뿐만 아니라 장기간 계속되는 폭우나 가뭄 등도 발생한다.

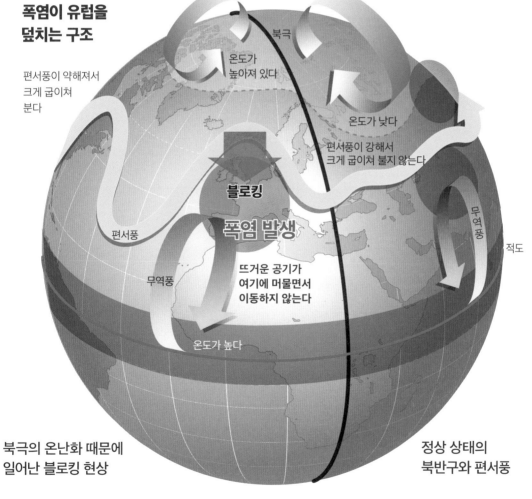

폭염이 유럽을 덮치는 구조

편서풍이 약해져서 크게 굽이쳐 분다

북극

온도가 높아져 있다

온도가 낮다

편서풍이 강해서 크게 굽이쳐 불지 않는다

블로킹

폭염 발생

편서풍

무역풍

무역풍

적도

뜨거운 공기가 여기에 머물면서 이동하지 않는다

온도가 높다

북극의 온난화 때문에 일어난 블로킹 현상

정상 상태의 북반구와 편서풍

2010년의 폭염 피해
폭염이 동유럽을 덮침. 러시아는 기록적인 폭염에 따른 산불, 가뭄까지 더해져 1만 5,000명이 사망하고, 약 13조 원의 경제 피해가 발생했다.

2003년의 폭염 대피해
사상 최악의 폭염 피해 발생. 프랑스에서만 약 1만 5,000명, 유럽 9개국에서 합계 약 5만 2,000명이 사망. 이 경험으로 기상관측을 하여 폭염 예방 대책을 세우게 되었다.

엘니뇨 현상이 강해지고
이상기상이 자주 일어난다

해수면 수온의 이상이 이상기상을 초래한다

이상기상의 원인으로 잘 알려진 것이 '엘니뇨 현상'과 '라니냐 현상'이다. 엘니뇨 현상은 태평양 동쪽 적도 부근의 해수면 수온이 평년보다 높아지고, 그 상태가 1년 정도 계속되는 현상이다. 반대로, 해수면 수온이 평년보다 낮은 상태가 계속되는 현상이 라니냐 현상이다.

엘니뇨 현상이 일어나면, 무역풍이라고 불리는 동풍이 평년보다 약해져서 서쪽으로 운반되어야 할 따뜻한 해수가 동쪽으로 퍼진다. 그러므로 평상시라면 인도네시아 부근에 비를 내릴 적란운이 동쪽으로 이동하여 미국 서부에 큰비를 내린다.

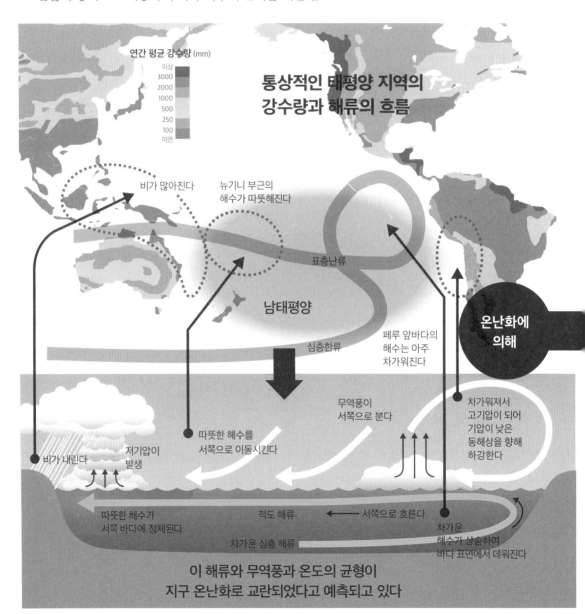

연간 평균 강수량 (mm)

이상
3000
2000
1000
500
250
100
미만

**통상적인 태평양 지역의
강수량과 해류의 흐름**

비가 많아진다

뉴기니 부근의
해수가 따뜻해진다

표층난류

남태평양

심층한류

페루 앞바다의
해수는 아주
차가워진다

**온난화에
의해**

무역풍이
서쪽으로 분다

차가워져서
고기압이 되어
기압이 낮은
동해상을 향해
하강한다

비가 내린다

저기압이
발생

따뜻한 해수를
서쪽으로 이동시킨다

따뜻한 해수가
서쪽 바다에 정체된다

적도 해류

서쪽으로 흐른다

차가운
해수가 상승하여
바다 표면에서 데워진다

차가운 심층 해류

**이 해류와 무역풍과 온도의 균형이
지구 온난화로 교란되었다고 예측되고 있다**

52

한편, 라니냐 현상이 일어나면 무역풍이 강해져서 따뜻한 해수를 더 많이 서쪽으로 운반하므로 인도네시아 부근의 바다 위에서 적란운이 왕성하게 발생한다. 반대로, 동쪽에는 차가운 해수가 머물게 되므로 미국은 건조하여 가뭄이나 산불에 시달린다.

온난화로 이상기상이 극단화된다

두 가지 현상은 몇 년 간격으로 발생하여 세계의 기상에 커다란 영향을 준다. 태평양 서쪽(일본 등)에 영향을 미치는 엘니뇨 현상은 시원한 여름과 따뜻한 겨울, 라니냐 현상은 폭염과 혹한을 초래한다. 온난화가 진행되면 대기와 해양의 균형이 무너져서 엘니뇨나 라니냐에 따른 영향이 보다 강해질 것으로 예상되고 있다. 특히 강한 엘니뇨가 일어난 직후에 라니냐가 일어나면, 가뭄이나 호우 같은 양극단적인 기상이 계속되어 큰 피해를 초래할 우려가 있다.

엘니뇨의 발생이 증가한다

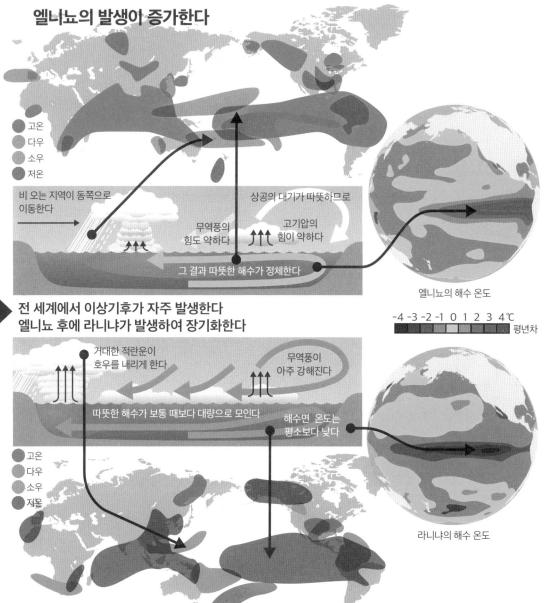

고온
다우
소우
저온

비 오는 지역이 동쪽으로 이동한다

상공의 대기가 따뜻하므로

무역풍의 힘도 약하다

고기압의 힘이 약하다

그 결과 따뜻한 해수가 정체한다

엘니뇨의 해수 온도

-4 -3 -2 -1 0 1 2 3 4℃
평년차

전 세계에서 이상기후가 자주 발생한다
엘니뇨 후에 라니냐가 발생하여 장기화한다

거대한 적란운이 호우를 내리게 한다

무역풍이 아주 강해진다

따뜻한 해수가 보통 때보다 대량으로 모인다

해수면 온도는 평소보다 낮다

고온
다우
소우
저온

라니냐의 해수 온도

물의 순환이 엉켰다, 기후위기 스위치가 켜졌다

온난화가 물 위기를 불렀다

지구는 물의 행성이라고 한다. 다른 행성과 달리 풍부한 물이 있어서 다종다양한 생물이 태어나고 인류의 문명도 꽃피었다. 그러나 지금, 지구의 물에 위기가 찾아오고 있다. 30~31쪽에서 보았듯이, 물은 수증기나 얼음으로 형태를 바꾸어 절묘한 균형을 잡으면서 대기와 바다와 육지를 돌고 있다. 그런데 지구 온난화 때문에 이 순환이 교란되고 있다.

기온 상승의 영향을 직접 받고 있는 것은 지구상의 담수 70%를 차지하는 빙상이나 빙하이다. 북극권의 그린란드나 남극의 빙상, 고지에 있는 빙하 등이 녹아서 바다로 흘러들고 있다. 그

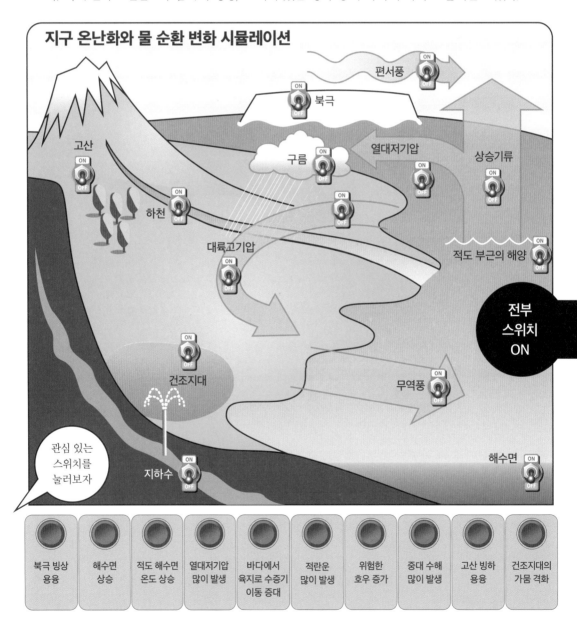

지구 온난화와 물 순환 변화 시뮬레이션

편서풍 ON/OFF
북극 ON/OFF
구름 ON/OFF
열대저기압
상승기류 ON/OFF
고산 ON/OFF
하천 ON/OFF
대륙고기압 ON/OFF
적도 부근의 해양 ON/OFF
건조지대 ON/OFF
무역풍 ON/OFF
관심 있는 스위치를 눌러보자
지하수 ON/OFF
해수면 ON/OFF

전부 스위치 ON

| 북극 빙상 용융 | 해수면 상승 | 적도 해수면 온도 상승 | 열대저기압 많이 발생 | 바다에서 육지로 수증기 이동 증대 | 적란운 많이 발생 | 위험한 호우 증가 | 중대 수해 많이 발생 | 고산 빙하 용융 | 건조지대의 가뭄 격화 |

결과 일어나는 것이 해수면 상승이다. 바다의 수위가 높아지면 육지의 연안부나 작은 섬은 침수나 수몰 위기에 처하게 된다.

물 순환의 교란이 연쇄된다

또한 기온 상승으로 해수 온도가 올라가면 바다에서 많은 수증기가 발생하여 대기 중에 쌓인다. 이 수증기를 에너지 삼아 바다 위에서는 강한 열대저기압이 발생하여 폭풍이나 호우를 초래한다. 반대로 원래 강수량이 작은 건조지대는 기온 상승에 의해 더욱 건조해지고, 지하수도 말라붙어 물 이 부족해진다. 지구의 기온 상승이 '임계점'이라고 불리는 한계치를 넘어서면 이런 물 순환의 이변 이 연쇄적으로 일어나서 기후위기가 단숨에 가속화할 것이다. 다음 페이지에서는 물 순환의 이변 이 가져오는 문제를 자세히 살펴보자.

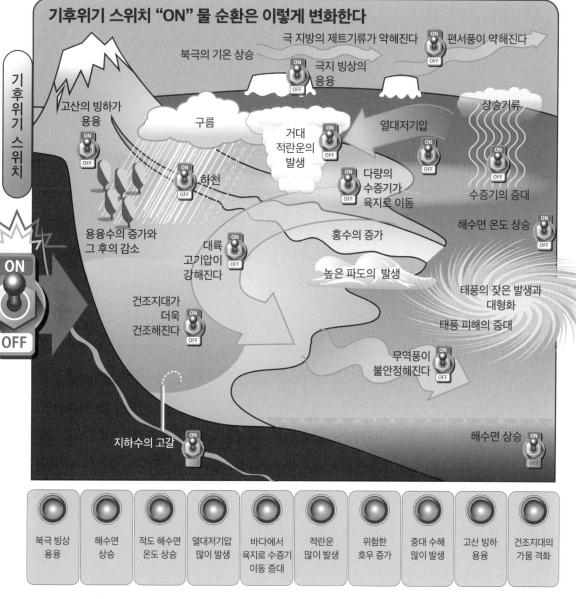

태풍이 대형화하여
일본에 끼치는 피해가 커진다

일본을 강타하는 거대 태풍

일본에 상륙하는 태풍이 점점 대형화하고 있다. 특히 2019년 일본을 강타한 태풍 하기비스는 기록적인 호우를 퍼부었다. 총강우량은 동일본을 중심으로 17군데에서 500mm를 넘었고, 가나가와현 하코네箱根에서는 관측사상 최고인 1,000mm를 기록했다. 이 큰비에 의해 각지에서 하천이 범람하고 산사태와 침수가 발생하여 77명의 인명 피해를 입었고 많은 가옥이 파괴되었다. 일본에는 해마다 태풍이 상륙하고 있지만 이 정도로 넓은 범위에 걸쳐서 피해를 주는 경우는 드물며, 온난화와의 관련성이 지적되고 있다.

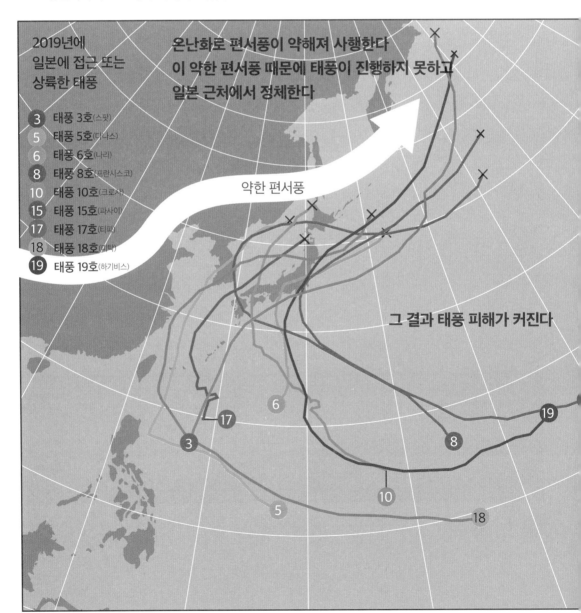

2019년에 일본에 접근 또는 상륙한 태풍

3 태풍 3호(스팟)
5 태풍 5호(다나스)
6 태풍 6호(나리)
8 태풍 8호(프란시스코)
10 태풍 10호(크로사)
15 태풍 15호(파사이)
17 태풍 17호(타파)
18 태풍 18호(미탁)
19 태풍 19호(하기비스)

온난화로 편서풍이 약해져 사행한다
이 약한 편서풍 때문에 태풍이 진행하지 못하고
일본 근처에서 정체한다

약한 편서풍

그 결과 태풍 피해가 커진다

온난화로 태풍이 세력을 키우는 이유

태풍은 열대의 해상에서 발생하는 열대저기압이 세력을 키워서 발달한 것이다. 태풍 하기비스의 경우, 최대 순간풍속이 18시간 만에 40m나 강해져서 거대 태풍이 되었다. 이 정도로 단시간에 대형화한 것은, 온난화로 바다의 수온이 높아져서 바다에서 증발하는 수증기가 많아졌기 때문인 것으로 짐작된다.

열대저기압은 대기 중의 수증기가 상승하여 물로 변할 때 생기는 열을 연료로 삼아 발달한다. 그러므로 수증기가 많을수록 점점 연료가 보태져서 세력을 키우는 것이다. 태풍 하기비스가 일본에서 피해를 확대시킨 또 하나의 이유는 같은 장소에 장시간 머물면서 폭우를 퍼부은 것이다. 이것은 편서풍이 예년보다 북쪽으로 치우쳐서 태풍의 속도가 약해졌기 때문이며, 온난화에 의해 대기 순환이 교란된 것과 관계가 있다.

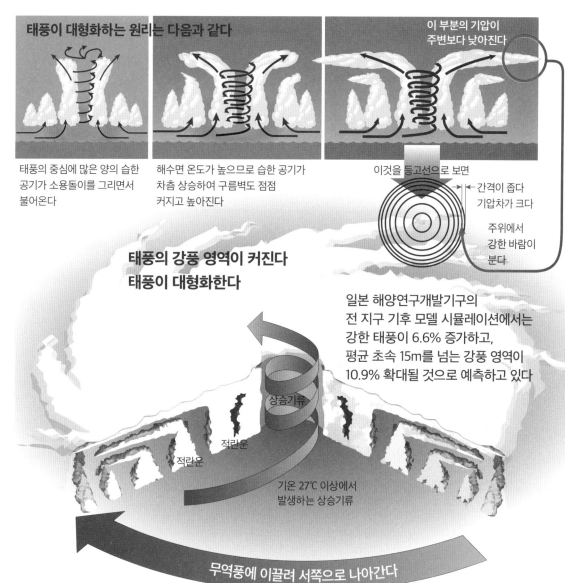

태풍이 대형화하는 원리는 다음과 같다

태풍의 중심에 많은 양의 습한 공기가 소용돌이를 그리면서 불어온다

해수면 온도가 높으므로 습한 공기가 차츰 상승하여 구름벽도 점점 커지고 높아진다

이 부분의 기압이 주변보다 낮아진다

이것을 등고선으로 보면

간격이 좁다 기압차가 크다

주위에서 강한 바람이 분다

태풍의 강풍 영역이 커진다
태풍이 대형화한다

일본 해양연구개발기구의 전 지구 기후 모델 시뮬레이션에서는 강한 태풍이 6.6% 증가하고, 평균 초속 15m를 넘는 강풍 영역이 10.9% 확대될 것으로 예측하고 있다

상승기류

적란운

적란운

기온 27℃ 이상에서 발생하는 상승기류

무역풍에 이끌려 서쪽으로 나아간다

이상기상 때문에
전 세계에서 수해가 심해진다

강력해진 열대저기압

폭풍우 등의 수해로 골치를 앓는 지역은 한두 곳이 아니다. 아래 지도에 보이듯이, 2015년에서 2019년까지 5년 동안만 보아도 세계 각지에서 다양한 수해가 발생했다.

강하게 발달한 열대저기압은 북서태평양이나 남지나해에서 발생하면 '태풍'이라고 부르지만, 북동태평양이나 대서양에서는 '허리케인', 인도양이나 남태평양에서는 '사이클론'이라고 부른다. 또한 최대풍속이 약간 약한 태풍이나 허리케인은 '열대 폭풍'이라고 한다.

이러한 열대저기압은 발생 장소나 풍속이 다를 뿐, 발달하는 원리는 똑같다. 온난화의 영향

2015~2019년에 일어난 풍수해와 가뭄 피해 지역 지도

일본 기상청 '세계의 이상기상'에서 발췌

2016년
유럽
폭우 피해

2018년
유럽
이상다우 피해

2017년
유럽 북동부
다우 피해

2018년
몽골
다우 피해

2017년
중국 동부·타이
태풍 9-12호 피해

2016년
중국 동부
폭우 피해

2019년
스페인 이상다우
피해 24억 달러

2017년
아프가니스탄
폭우 피해

2019년
일본 태풍 15-19호
피해 4,000억 엔

2017년
타이완·베트남
태풍 피해

2017년
베트남
태풍·폭우 피해

2015년
파키스탄
폭우 피해

2018년
나이지리아
호우 피해

2015년
방글라데시
호우 피해

2019년
인도네시아
폭우 피해
200명 사망

2019년
인도네시아
이상소우小雨
피해

2015년
짐바브웨
홍수 피해

2017년
짐바브웨
사이클론 피해

2016년
인도 북동부·스리랑카
열대 폭풍 피해

2015년
인도 남부
폭염·폭우 피해

2016년
인도 북부
폭염·폭우 피해

2017년
인도 남부
폭우 피해

2018년
인도 중부
폭우 홍수 피해
1,500명 사망

2017년
인도 남부
폭우 피해

2019년
인도·파키스탄
폭우·홍수 피해
2,300명 사망

2018년
케냐 폭우·열대 폭풍 피해
500명 이상 사망

2018년
이상고온·
가뭄 피해

을 받아 모든 해역에서 발생하는 열대저기압이 강력해지고 있으며 미국, 인도 등에도 커다란 피해를 입히고 있다.

수해가 많아지는 21세기

그 밖에 아시아 각지에서는 홍수 피해를 초래하는 큰비, 유럽에서는 평년 강수량을 웃도는 이상다우가 자주 발생하고 있다. 반대로, 극단적으로 비가 내리지 않아 가뭄과 물 부족으로 골치를 앓는 지역도 있다. 인류의 역사는 자연 재해와의 투쟁의 역사이기도 하지만, 21세기에 들어선 뒤로 수해의 발생 빈도가 늘고 있는 것은 온난화의 영향이라고 말할 수 있다. 그러나 수해가 심해진 원인은 온난화뿐만은 아니다. 인간이 댐 건설이나 삼림 벌채 등에 의해 물의 순환을 방해하는 것이나 도시에 인구가 집중되어 있는 점도 피해를 더욱 키우는 원인이다.

일본 기상청 발표 '세계의 주요 이상기상 · 기상재해'를 참조하여 작성

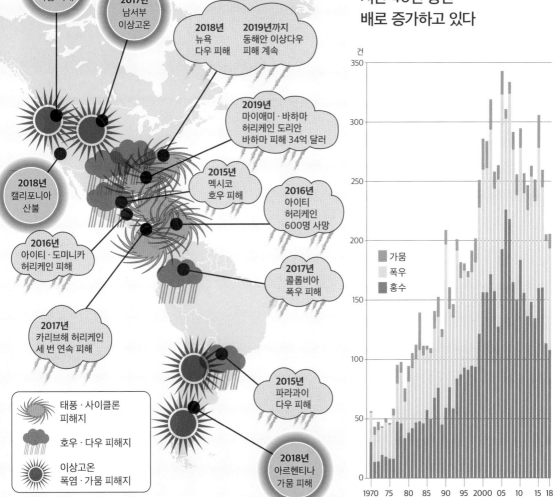

세계의 대규모 자연 재해는 지난 40년 동안 배로 증가하고 있다

세계의 물 분포가 바뀌어 물 부족 사태가 심각해진다

세계로 퍼져가는 물 스트레스

지구상의 기후는 지역에 따라 크게 다르다. 그러므로 물은 세계에 공평하게 분포할 수 없다. 비가 많이 내리는 지역이 있는가 하면, 거의 내리지 않는 지역도 있다. 이 강수량의 차가 온난화 때문에 더욱 커져서 물 부족에 빠진 지역이 늘고 있다고 한다.

이미 아프리카에서는 온난화의 영향으로 심각한 물 부족을 겪고 있다. 심각한 가뭄이 몇 년 동안이나 계속된 데다, 수질오염 등에 의해 안전하게 마실 수 있는 물이 적어져 '물 스트레스'상 태에 놓여 있다.

비는 세계에 공평하게 내리지 않는다

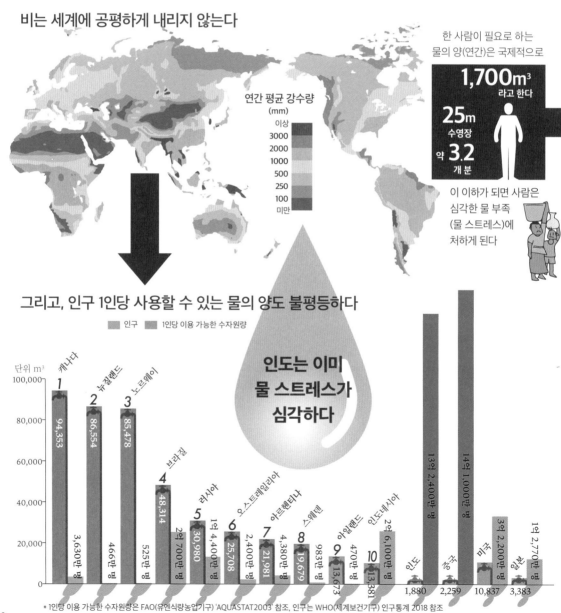

연간 평균 강수량
(mm)
이상
3000
2000
1000
500
250
100
미만

한 사람이 필요로 하는 물의 양(연간)은 국제적으로

1,700m³ 라고 한다

25m 수영장

약 **3.2** 개 분

이 이하가 되면 사람은 심각한 물 부족 (물 스트레스)에 처하게 된다

그리고, 인구 1인당 사용할 수 있는 물의 양도 불평등하다

■ 인구   ■ 1인당 이용 가능한 수자원량

인도는 이미 물 스트레스가 심각하다

단위 m³

순위	국가	1인당 이용 가능한 수자원량	인구
1	캐나다	94,353	3,630만 명
2	뉴질랜드	86,554	466만 명
3	노르웨이	85,478	525만 명
4	브라질	48,314	2억 700만 명
5	러시아	30,980	1억 4,400만 명
6	오스트레일리아	25,708	2,400만 명
7	아르헨티나	21,981	4,380만 명
8	스웨덴	19,679	983만 명
9	아일랜드	13,673	470만 명
10	인도네시아	13,381	2억 6,100만 명
	인도	1,880	13억 2,400만 명
	중국	2,259	14억 1,000만 명
	미국	10,837	3억 2,200만 명
	일본	3,383	1억 2,770만 명

*1인당 이용 가능한 수자원량은 FAO(유엔식량농업기구) 'AQUASTAT 2003' 참조, 인구는 WHO(세계보건기구) 인구통계 2018 참조

인구 증가가 물 부족 사태를 가속화한다

인간이 생활용수, 농업, 공업, 발전 등에 필요로 하는 물의 양은 최소한 연간 1인당 1,700m³이다. 이것을 밑도는 상태가 '물 스트레스'다. 1,000m³를 밑돌면 '물 부족', 500m³를 밑돌면 '절대적 물 부족' 상태이다. 60쪽 그래프는 인구 1인당 연간 사용할 수 있는 수자원량을 나타낸 것이다. 1위인 캐나다는 한 사람이 9만m³ 이상의 물을 사용할 수 있지만, 비슷한 면적의 중국에서는 2,259m³밖에 사용하지 못한다.

게다가 중국 인구는 캐나다의 약 40배로, 세계 최대이다. 이 이상 인구가 증가하면 물이 부족해지는 것은 명백하다. 중국에 이어 세계 제2위의 인구를 가진 인도에서는 이미 6억 명이 물 부족 상태이다. 경제협력개발기구OECD는 2050년에는 세계적으로 약 40억 명이 물 스트레스에 노출된다고 경고하고 있다.

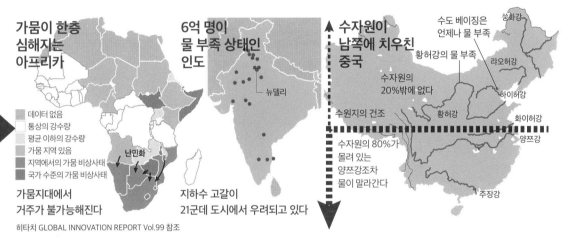

가뭄이 한층 심해지는 아프리카

- 데이터 없음
- 통상의 강수량
- 평균 이하의 강수량
- 가뭄 지역 있음
- 지역에서의 가뭄 비상사태
- 국가 수준의 가뭄 비상사태

난민화

가뭄지대에서 거주가 불가능해진다

히타치 GLOBAL INNOVATION REPORT Vol.99 참조

6억 명이 물 부족 상태인 인도

뉴델리

지하수 고갈이 21군데 도시에서 우려되고 있다

수자원이 남쪽에 치우친 중국

수도 베이징은 언제나 물 부족
황허강의 물 부족
쑹화강
랴오허강
수자원의 20%밖에 없다
하이허강
수원지의 건조
황허강
화이허강
양쯔강
수자원의 80%가 몰려 있는 양쯔강조차 물이 말라간다
주장강

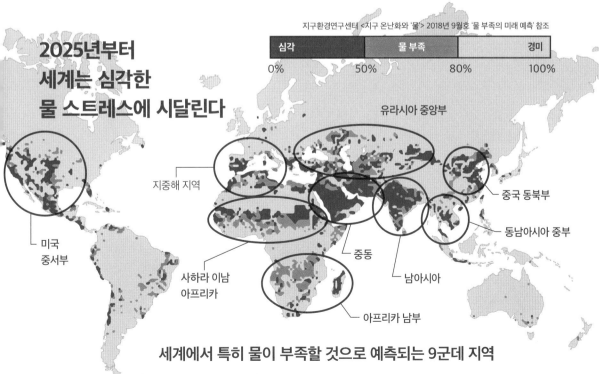

지구환경연구센터 <지구 온난화와 '물'> 2018년 9월호 '물 부족의 미래 예측' 참조

심각	물 부족	경미
0%	50%	80%	100%

2025년부터 세계는 심각한 물 스트레스에 시달린다

유라시아 중앙부

지중해 지역

중국 동북부

동남아시아 중부

미국 중서부

사하라 이남 아프리카

중동

남아시아

아프리카 남부

세계에서 특히 물이 부족할 것으로 예측되는 9군데 지역

2대 CO$_2$ 배출국인 미국과 중국, 그들도 물이 부족하다

미국의 지하수가 고갈되고 있다

미국도 2050년 전에 물이 부족해질 가능성이 있다. 원래 미국 내륙은 가뭄이 드물지 않고 특히 21세기 들어 발생 빈도가 많아졌다.

캘리포니아주는 2011년부터 2017년까지 기록적인 가뭄이 연달아 덮쳤고 대형 산불도 종종 발생했다. 가뭄의 원인은 온난화에 따른 대기의 변화인데, 미국의 물 부족을 심화시키는 또 하나의 원인은 농업용으로 지하수를 과도하게 퍼 올리고 있다는 점이다.

그 결과 세계에서 손꼽히는 지하수층인 오갈라라Ogallala 대수층(帶水層, 지하수를 함유한 지층)의 수

미국은 지난 20년 동안 가뭄으로 골치를 앓고 있다

둥근 경작지는 원형으로 물을 공급하는 센터 피봇Center-pivot 관개 방식의 특징

센터 피봇 관개 방식
세계의 곡창지대인 미국 중서부는 강우량의 부족을 세계 최대인 오갈라라 대수층의 지하수에 의존하여 해결해왔다. 몇 만 년에 걸쳐 저장된 지하수의 고갈이 예측되고 있다.

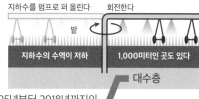

지하수를 펌프로 퍼 올린다   회전한다
물
지하수의 수역이 저하   1,000미터인 곳도 있다
대수층

특히 심각한 곳은 중서부의 농업지대

지하수 수준의 변화
저하치(피트)

- -150 미만
- -150~-100 미만
- -100~-50 미만
- -50~-25 미만
- -25~-10 미만
- -10~-5 미만
- 변화 없음

증가치
- +5 초과~+10
- +10 초과~+25
- +25 초과~+50
- 50 초과

아래 지도는 2005년부터 2018년까지의 가뭄 발생 지역을 겹쳐놓은 것이다. 미국 전역에 가뭄이 퍼지고 있음을 알 수 있다.

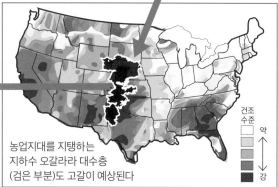

건조 수준
약
↑
강

농업지대를 지탱하는 지하수 오갈라라 대수층 (검은 부분)도 고갈이 예상된다

Climate.gov 2019.2.19. 기사 참조

WIRED <지도가 가르쳐주는, 미국을 골치 아프게 하는 '가뭄' 10년> 참조

위가 낮아져서 고갈 위기에 처했다.

물 문제가 산적한 중국

중국은 세계의 20%를 차지하는 인구가 세계 담수의 6%뿐인 물을 나눠 쓰고 있다. 비가 많이 내리는 곳은 남부에 집중되어 있고, 북부는 물이 늘 부족하다. 게다가 온난화로 물의 순환이 무너져서 하천이 감소할 가능성도 있다. 중국에서 물 문제의 가장 큰 원인은 최근의 급속한 경제 성장이다. 공장 폐수로 인한 수질오염, 과도한 물의 퍼 올림, 무모한 댐 건설 등으로 황허강 하류가 말라붙어가고 있을 정도이다.

미국도 중국도, 물 부족을 부채질하고 있는 것은 인위적인 원인이다. 이 두 나라가 전 세계 CO_2의 40% 이상을 배출하고 있다는 것이 문제를 더욱 심각하게 하고 있다.

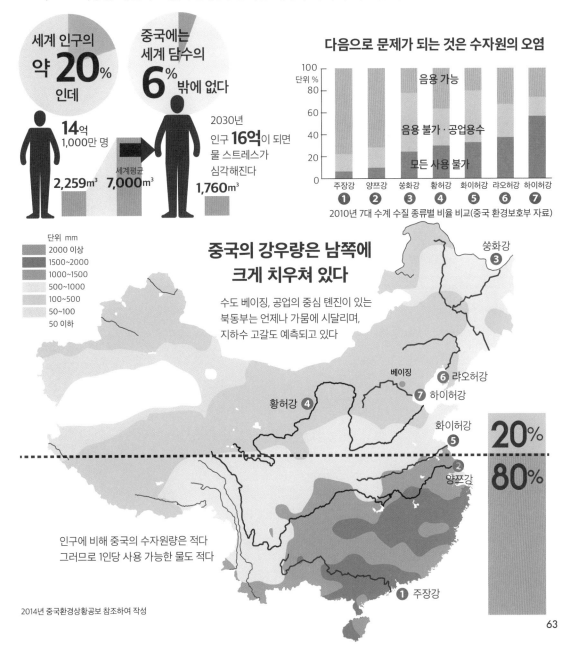

세계 인구의
약 **20**%
인데

14억
1,000만 명

2,259㎥
세계평균 **7,000㎥**

중국에는
세계 담수의
6%밖에 없다

2030년
인구 **16억**이 되면
물 스트레스가
심각해진다

1,760㎥

다음으로 문제가 되는 것은 수자원의 오염

단위 %
100
80 — 음용 가능
60
40 — 음용 불가 · 공업용수
20
모든 사용 불가
주장강 ❶ 양쯔강 ❷ 쑹화강 ❸ 황허강 ❹ 화이허강 ❺ 랴오허강 ❻ 하이허강 ❼

2010년 7대 수계 수질 종류별 비율 비교(중국 환경보호부 자료)

중국의 강우량은 남쪽에 크게 치우쳐 있다

단위 mm
- 2000 이상
- 1500~2000
- 1000~1500
- 500~1000
- 100~500
- 50~100
- 50 이하

수도 베이징, 공업의 중심 톈진이 있는
북동부는 언제나 가뭄에 시달리며,
지하수 고갈도 예측되고 있다

쑹화강 ❸
베이징
랴오허강 ❻
하이허강 ❼
황허강 ❹
화이허강 ❺
20%
80%
양쯔강 ❷
주장강 ❶

인구에 비해 중국의 수자원량은 적다
그러므로 1인당 사용 가능한 물도 적다

2014년 중국환경상황공보 참조하여 작성

기후위기가 세계 농업에 미치는 영향과 식량 수입국들의 문제

기온 상승으로 곡물 수확량이 줄어든다

온난화는 자연을 대상으로 이루어지는 농업에 큰 타격을 입힌다. 특히 우려되는 것이 주식이 되는 곡물의 생산지에 미치는 영향이다. 이미 미국, 인도, 중국 등 주요 곡물 생산지에서는 가뭄 이나 지하수 고갈 등에 의해 생산량이 크게 줄어 농업에 큰 타격을 주고 있다.

미국 스탠퍼드대학이 과거의 데이터를 정밀조사한 결과, 기온이 평균보다 2℃ 올라가면 밀의 생육기간이 9일 짧아지고 수확량이 20% 감소한다는 사실이 밝혀졌다. 생육기의 마지막 단계에 서 적정 온도를 넘으면 식물의 광합성이 잘되지 않아 생육불량이 되고 만다.

온난화에 따른 세계의 농업 피해 지도

밀

세계의 주요 3대 산지가 피해를 입는다

3개의 지도는 일본의 농연기구가 작성한, 과거 27년 동안 온난화 가 농업생산에 미친 피해 정도를 나타낸 것이다

옥수수

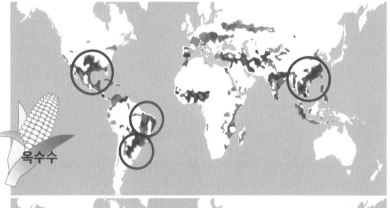

콩

붉은색의 농도가 피해 정도를 나타낸다

| -16 | -12 | -8 | -4 | 0 | +4 | +8 | +12 | +16 |

밀의 미래 피해 예측
미국 스탠퍼드대학 연구팀이 위성 데이터를 이용하여 고온이 밀의 생육에 미치는 영향을 예측했다

기온이 2℃ 상승하면

| 밀 | 20% OFF |

생산량 20% 감소
AFP 기사(2012. 1. 30.) 참조

옥수수의 미래 피해 예측
생산량 세계 1위인 미국의 영향이 크다

	기온 2℃ 상승	기온 4℃ 상승
미국	-17.8%	-46.5%
중국	-10.4%	-27.4%
브라질	-7.9%	-19.4%
아르헨티나	-11.6%	-28.5%

inside climate news(2018. 6. 11.) 참조

콩의 미래 피해 예측
역시 생산량 세계 최고인 미국의 생산량 감소가 예상된다

이번 세기말에는 기온이 1.8℃ 상승해도 현재의 생산지에서는 생산량 감소가 예상된다(지도 빨간색 지역)
일본 농연기구 보고서 참조

식량 수입에 의존하는 국가들의 문제

　세계의 식량 생산지가 위기에 처하면 식량 수입을 많이 하는 국가들도 영향을 받는다. 예를 들어 일본은 식량 자급률이 40%가 채 되지 않으며, 많은 식량을 수입에 의존하고 있다(우리나라도 식량 자급률이 2020년 기준으로 45% 수준이며 매년 0.4%씩 감소하는 추세다. - 감수자).

　식량을 생산하려면 많은 물이 필요하다. 식량을 수입한다는 것은 생산지에서 사용된 물도 수입하고 있다는 말이다. 이 보이지 않는 물을 알기 쉽게 나타낸 것이 '가상수virtual water'이다. 이것은 만약 똑같은 양을 생산한다면 어느 정도의 물이 필요한지를 숫자로 나타낸 것으로, 일본이 수입하는 가상수는 연간 약 800억m³나 된다.

　식량을 생산하는 나라들에서 온난화에 따른 물 부족과 작물 흉작이 진행되면 식량 수입국의 식탁도 커다란 변화를 맞이하게 될 것이다.

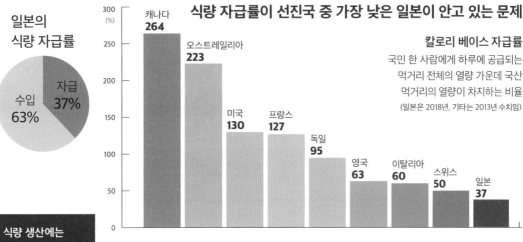

일본의 식량 자급률

자급 37%
수입 63%

식량 자급률이 선진국 중 가장 낮은 일본이 안고 있는 문제

칼로리 베이스 자급률
국민 한 사람에게 하루에 공급되는 먹거리 전체의 열량 가운데 국산 먹거리의 열량이 차지하는 비율
(일본은 2018년, 기타는 2013년 수치임)

- 캐나다 264
- 오스트레일리아 223
- 미국 130
- 프랑스 127
- 독일 95
- 영국 63
- 이탈리아 60
- 스위스 50
- 일본 37

식량 생산에는 또 하나의 큰 문제가 있다. 식량 생산에는 대량의 '물'이 이용되고 있다.

식량 수입은 '물'을 수입하는 것이며, 이 '물'은 가상수라고 불린다

쇠고기 1kg 생산에 사용되는 물의 양은 **15,415리터**

가상수란 수입품과 똑같은 것을 국내에서 만들면 얼마나 많은 양의 물이 필요한지를 계산한 것이다. 일본은 세계에서 손꼽히는 가상수 수입국이다. 온난화로 식량 수입국이 물 부족의 영향을 크게 받을 것으로 예측된다.

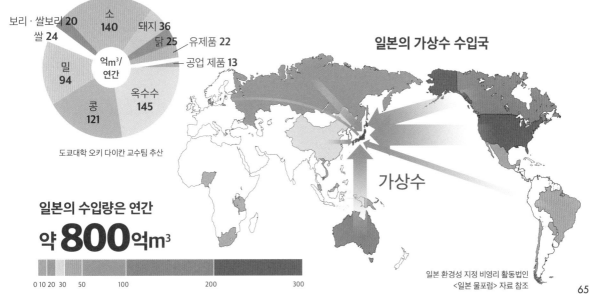

억m³/연간

- 보리·쌀보리 20
- 쌀 24
- 밀 94
- 콩 121
- 옥수수 145
- 소 140
- 돼지 36
- 닭 25
- 유제품 22
- 공업 제품 13

도쿄대학 오키 다이칸 교수팀 추산

일본의 가상수 수입국

가상수

일본의 수입량은 연간
약 800억m³

0 10 20 30　50　100　200　300

일본 환경성 지정 비영리 활동법인 <일본 물포럼> 자료 참조

빙상이 녹아서 해수면이 상승하고 도시가 물에 잠긴다

녹아내리는 북극권의 빙상

일본 우주항공연구개발기구JAXA는 2012년 5월에 물순환변동 관측위성 '시즈쿠'를 쏘아올려 지구의 물 순환을 관측하고 있다. 그해 7월 12일, '시즈쿠'는 북극권 그린란드의 빙상이 거의 전역에 걸쳐서 온도가 상승하고 있다는 것을 포착했다. 보통은 여름에도 동결하고 있던 내륙부까지 표면이 녹아 있는 상태가 관측된 것이다.

사실 이때 북극권은 이례적인 고온이 계속되고 있었다. 그해에 빙상이 녹아내린 물만으로 지구의 해수면이 1mm 이상 상승했던 것이다. 그린란드의 빙상은 온난화에 의해 급속히 녹아내리고 있다.

면적 약 173만km², 평균 두께 1,500m나 되는 빙상이 모두 녹는다면 해수면은 7m나 상승할 것으로 추산된다.

해수면 상승으로 대도시가 침수된다

그린란드뿐만 아니라 남극의 빙상, 고지의 빙하까지 온난화 때문에 녹아내려 해수면이 상승하고 있다. 세계 평균 해수면 수위는 1년에 3mm 전후로 상승하고 있으며, 21세기 안에는 최저 26cm, 최고 98cm나 상승할 것으로 예측되고 있다.

해수면이 상승하면 해발이 낮은 작은 섬들은 수몰 위기에 처한다. 또한 도쿄나 뉴욕, 상하이 등 바다를 끼고 있는 세계의 많은 주요 도시가 침수 피해를 입고 많은 사람들이 강제 이주를 하게 될 가능성도 있다.

일본의 물순환변동 관측위성 '시즈쿠'가 그린란드의 빙상이 녹는 것을 확인했다

2012년 여름에 '시즈쿠'는 그린란드 빙상 표면 전체의 온도가 용해 온도에 이르렀음을 관측했다.

진한 푸른색 부분이 빙상. 7월 10일(왼쪽)에 있었던 빙상이 이틀 뒤(오른쪽)에는 사라졌다. JAXA 홈페이지 참조

그린란드의 모든 빙상이 녹으면 세계의 해수면은 7m 상승한다는 연구 보고가 있다

북극권의 기온은 다른 곳에 비해 2배 이상 빠르게 상승하고 있다

- 세계 평균
- 북극권
- 북반구 중위도
- 적도 부근

그리고, 시베리아의 영구동토도 녹고 있다

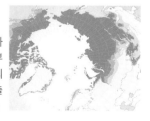

북반구 면적의 20%를 차지하는 영구동토(파란 부분)가 녹고 있다. 땅속의 메탄가스가 대기로 방출되어 온난화를 촉진한다.

세계의 해수면 상승과 도
시의 수몰을 시뮬레이션할
수 있는 사이트가 개설되
었다. 해수면이 7m 상승한
세계를 살펴보자.

http://flood.firetree.net/

세계의
해수면이
7m
상승한다면

뉴욕

네덜란드
주변

도쿄·
수도권

상하이

카이로

자카르타

뉴올리언스

지구 생태계가 격변하고
수많은 동식물이 멸종한다

생물은 북쪽으로, 고지로 올라간다

온난화는 지구상의 모든 생물에 영향을 준다. 요즘 벚꽃이 피는 시기나 제비가 돌아오는 시기가 이전보다 빨라지고 있는 것도 온난화가 진행되고 있는 증거이다.

이대로 기온 상승이 계속되면 생태계에 어떤 일이 일어날까? 먼저 생각할 수 있는 것은 생물의 분포가 달라져버리는 것이다. 동물은 적응할 수 있는 기후를 찾아서 북쪽으로 이동한다. 식물도 저지에서 고지로, 생육지가 달라진다. 이동할 수 없는 나무는 기후의 변화에 적응하지 못해 모습을 감출지도 모른다.

온난화로 생물권이 북쪽으로 이동한다

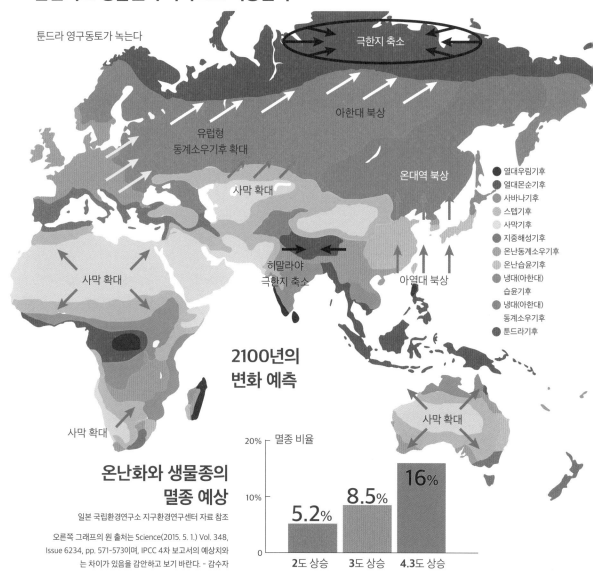

툰드라 영구동토가 녹는다

극한지 축소

아한대 북상

유럽형
동계소우기후 확대

사막 확대

온대역 북상

사막 확대

히말라야
극한지 축소

아열대 북상

사막 확대

사막 확대

열대우림기후
열대몬순기후
사바나기후
스텝기후
사막기후
지중해성기후
온난동계소우기후
온난습윤기후
냉대(아한대)
습윤기후
냉대(아한대)
동계소우기후
툰드라기후

2100년의
변화 예측

온난화와 생물종의
멸종 예상

일본 국립환경연구소 지구환경연구센터 자료 참조

오른쪽 그래프의 원 출처는 Science(2015. 5. 1.) Vol. 348,
Issue 6234, pp. 571-5730이며, IPCC 4차 보고서의 예상치와
는 차이가 있음을 감안하고 보기 바란다. - 감수자

멸종 비율
20%

16%

8.5%

10%

5.2%

0

2도 상승   3도 상승   4.3도 상승

생물의 20~30%가 멸종한다

세계의 평균기온이 1.5~2.5℃ 올라가면 생물은 20~30%가 멸종 위기에 처한다고 한다(2007년 IPCC 4차 보고서). 온난화 때문에 얼음이 없는 기간이 길어져서 먹이를 구하지 못해 쇠약해진 북극곰이 늘어나고 있다. 이대로 온난화가 계속되어 21세기 중반 무렵이 되면 북극곰은 3분의 1로 개체수가 줄어든다고 한다.

아프리카코끼리나 코알라는 가뭄에 따른 물 부족에 의해, 푸른바다거북이나 대왕고래는 수온 상승이나 해수에 녹아든 CO_2 증가 등에 의해 종의 존속이 위협받을 가능성이 있다. 하나의 종이 사라지면 먹이사슬이 무너져서 생태계 전체에 영향을 미친다.

생물의 멸종은 기후변화만으로 일어나는 것이 아니라 인간에 의한 자연 파괴나 생태계 교란, 외래종의 도입 등도 원인이 된다는 것을 잊지 말자.

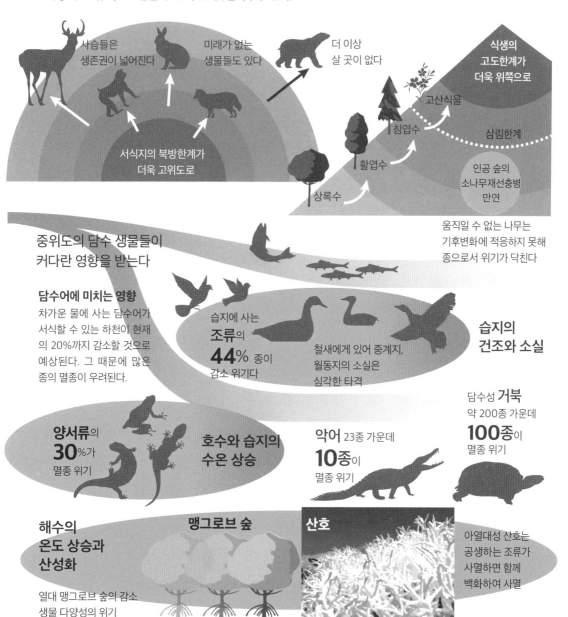

사슴들은 생존권이 넓어진다

미래가 없는 생물들도 있다

더 이상 살 곳이 없다

서식지의 북방한계가 더욱 고위도로

식생의 고도한계가 더욱 위쪽으로

고산식물

침엽수

삼림한계

활엽수

상록수

인공 숲의 소나무재선충병 만연

움직일 수 없는 나무는 기후변화에 적응하지 못해 종으로서 위기가 닥친다

중위도의 담수 생물들이 커다란 영향을 받는다

담수어에 미치는 영향
차가운 물에 사는 담수어가 서식할 수 있는 하천이 현재의 20%까지 감소할 것으로 예상된다. 그 때문에 많은 종의 멸종이 우려된다.

습지에 사는 **조류**의 **44%** 종이 감소 위기다

철새에게 있어 중계지, 월동지의 소실은 심각한 타격

습지의 건조와 소실

담수성 **거북**
약 200종 가운데 **100종**이 멸종 위기

양서류의 **30%**가 멸종 위기

호수와 습지의 수온 상승

악어 23종 가운데 **10종**이 멸종 위기

해수의 온도 상승과 산성화

열대 맹그로브 숲의 감소 생물 다양성의 위기

맹그로브 숲

산호

아열대성 산호는 공생하는 조류가 사멸하면 함께 백화하여 사멸

동물과 물이 옮기는 감염병 위험이 커진다

감염병을 전파하는 생물이 북상한다

2021년 8월 현재, 전 세계적으로 맹위를 떨치는 코로나19 바이러스와 온난화의 관계는 아직 알 수 없다. 그러나 온난화에 의해 바이러스를 전파하는 생물의 분포가 바뀌면 인간과 접촉할 기회가 늘어나서 감염증이 확대되기 쉬워질 가능성이 지적되고 있다.

온난화에 의해 서식지를 넓힐 가능성이 있는 것이 말라리아, 뎅기열, 일본뇌염 등의 매개체가 되는 모기 종류이다. 유니세프 보고에 따르면, 2018년에 말라리아로 사망한 5살 미만 어린이는 전 세계에서 약 26만 명이나 된다. 대부분 상하수도가 정비되어 있지 않은 아프리카의 어린이들

말라리아
말라리아 원충을 가진 학질모기에게 물리면 감염된다. 발열이나 두통을 일으킨다

세계적으로 연간 **40만 명 이상** 사망
그중 **93%**가 아프리카(2018년)

감염 지역이 확대된다

뎅기열 매개 모기
서식지의 북방한계
1월의 등온선
(10℃)

7월의 등온선
(10℃)
뎅기열 매개 모기
서식지의 남방한계

2020년 중국 우한에서
코로나19 바이러스의 세계적 감염이 시작됐다

이다. 말라리아는 고인 물에서 발생하는 학질모기가 매개가 되어 발병한다. 최근 많은 나라에서는 위생 상태나 거주 환경이 좋아져서 발생률이 많이 줄었다. 그러나 온난화에 의해 기온이 상승하면 다시 유행할 가능성도 있다고 한다. 또한 뎅기열을 매개하는 흰줄숲모기는 일본에서도 서식이 확인되고 있으며, 심지어 분포 지역이 북상하고 있다(우리나라에도 흰줄숲모기가 출현하고 있으며 2019년에 뎅기열 환자가 273명 발생하기도 했다. - 감수자).

물을 통해 옮기는 감염병도 확대된다

물을 통해 인간에게 옮기는 감염병도 있다. 대표적인 것이 콜레라균에 오염된 물을 마시면 발병하는 콜레라이다. 현재는 안전한 물이 적은 아프리카나 인도 등에서 많이 발생하지만, 온난화에 의해 수온이 올라가면 감염 지역이 더욱 넓어질 가능성이 있다.

뎅기열
숲모기나 흰줄숲모기가 매개.
중증화하면 뎅기출혈열을
발병한다

세계적으로 **연간 추정 1억 명** 감염
도시부를 중심으로 전 세계에서 급증

물의 오염 확대가 퍼뜨리는 감염증

콜레라
콜레라균에 오염된 물 등으로 감염. 온난화에 의해 바닷물의 온도가 올라가면 콜레라균이 증가한다.

장티푸스
티푸스균에 오염된 물 등으로 감염. 아시아, 중남미, 아프리카 등에서 만연.

이질
이질균에 오염된 물 등으로 감염. 인도, 인도네시아 등 아시아 지역에 많다.

불결한 환경에서 설사 등으로
하루에 1,600명의 개발도상국
어린이들이 목숨을 잃고 있다

기온이 **1℃만**
상승해도 확대되는
말라리아 감염 지역과

리스크 작음	리스크 큼

뎅기열 감염 지역

발생 리스크 있음	발생 있음

코로나 바이러스
유행과 기후위기의 연관성은
아직 명확하지 않다

그러나 영장류학자인 제인 구달 박사는
팬데믹이 지구의 기후위기를 초래한
인류의 자연과 야생동물에 대한 경시에서
비롯되었다고 호소하고 있다.

Part 3

얼음이 녹은 북극해는
누가 먼저 차지할까?

수송을 단축하는 북극해 항로

온난화에 의해 북극의 얼음이 녹는 것이 우려되는 한편, 이것을 이용하려는 움직임도 있다. 그중 하나가 '북극해 항로'라고 불리는 뱃길이다.

지금까지 동아시아와 유럽을 잇는 항로는 이집트의 수에즈 운하를 통과하는 노선이 일반적이었지만, 최근 들어 북극해를 통과하는 경로가 주목받고 있다. 현재 캐나다 쪽을 통과하는 '북서 항로'와 러시아 쪽을 통과하는 '북동 항로'의 2가지 항로가 있으며, 러시아 정부는 북동 항로를 '북극해 항로'라고 부르고 있다.

북극해 항로는 1932년부터 소비에트(현재의 러시아)가 관리해왔는데, 얼음이 진로를 크게 방해하여 운항하기 힘든 경로라서 많이 이용되지 않았다. 그러나 온난화로 해빙이 줄어들어 여름의 일정 기간 동안 이용할 수 있게 된 것이다. 이 경로를 사용하면 수에즈 운하를 통과하는 노선보다 항해 거리가 40% 정도 짧아지고 연료비도 저렴해지므로 이미 여러 나라가 이용하기 시작했다.

북극해에 묻힌 천연자원

북극해가 주목을 받는 또 하나의 이유가 있다. 미국지질조사소에 따르면, 전 세계의 미발견 석유와 천연가스의 22%가 북극해에 있다고 한다. 그러므로 러시아, 캐나다, 미국, 덴마크, 노르웨이 등의 주변국이 천연자원 이권을 두고 신경전을 벌이고 있다. 심지어 중국도 북극해에 묻힌 자원을 개발하여 북극해 항로로 수송하는 구상을 갖고 움직이기 시작했다.

북극해 쟁탈전은 갑자기 벌어진 일이지만, CO_2 배출로 야기된 온난화 덕분에 CO_2를 배출하는 화석 연료가 새로 발굴된다니, 참 아이러니한 일이다.

그린란드는 지하자원 때문에 덴마크에서 독립하고 싶어 한다

덴마크의 옛 식민지. 현재는 덴마크 왕국의 자치령. 인구 5.6만 명이며, 자치정부를 구성하고 있다. 세계 최대의 섬이다.

그린란드

빙상이 온난화로 녹아내리고 있다

누크
그린란드의 중심도시

북극해 항로는 약 13,000km. 이 항로로 가면 기간을 20일로 단축할 수 있다.

20일

노르웨이

중국은 그린란드의 석유와 북방 항로 진출에 대단히 적극적이다.

도쿄

상하이

중국

30일

현재 항로는 약 21,000km. 말라카 해협을 거쳐 수에즈 운하를 통과해 유럽까지 30일 걸린다.

북극해는 새로운 개척지가 되었다

미국은 그린란드를 살 생각이 있어.

트럼프 전 미국 대통령은 갑자기 말했다

러시아는 온난화 대환영이지. 사람 없는 동토가 보물의 산이 되거든.

러시아의 푸틴 대통령은 크게 환영

일본·한국·중국으로 이어지는 베링 해협

알래스카 (미국)

캐나다

북극점

러시아

그린란드

북서 항로

북극해

캐나다의 트뤼도 총리는

이 경로는 캐나다 영해야. 멋대로 다니면 곤란하다구.

북동 항로

핀란드

석유·천연가스 매장

노르웨이   스웨덴

세계의 미발견
석유 · 천연가스
22%가
북극해에 있다고 한다

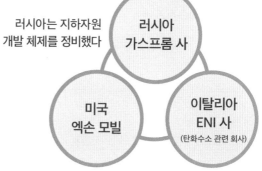

러시아는 지하자원 개발 체제를 정비했다

러시아 가스프롬 사

미국 엑손 모빌

이탈리아 ENI 사 (탄화수소 관련 회사)

북반구의 CO₂로 남반구가 피해를 입는다
- 기후위기와 남북문제

선진국의 CO_2가 압도적으로 많다

기후위기는 전 세계에 영향을 주는 문제이며, 모든 나라에 CO_2를 비롯한 온실가스의 감축이 요구되고 있다. 그러나 모든 나라가 똑같이 CO_2를 배출하고 있는 것은 아니다.

아래 그래프는 세계의 CO_2 배출량의 추이를 나타낸 것이다. 18세기 후반의 산업혁명을 계기로 증가하기 시작해 1950년대부터 급속히 늘어난 것을 알 수 있다. 배출국의 내역을 보면 압도적으로 많은 것이 경제협력개발기구OECD에 가입한 북미, 유럽, 일본 등의 선진국이다. 최근 들어서는 중국과 인도의 눈부신 발전으로 아시아의 배출량도 증대하고 있다. 또 하나의 그래프에서

인구 1인당 CO_2 배출량을 보아도, 미국을 비롯한 선진국의 배출량이 많다.

온난화의 피해는 고스란히 개발도상국에게

한편, 개발도상국의 CO_2 배출량은 세계 전체의 20% 정도에 지나지 않는다고 한다. 그럼에도 불구하고 가뭄에 따른 물 부족, 해수면 상승에 따른 홍수나 침수 등, 온난화에 의해 심각한 피해를 이미 입고 있는 것은 주로 개발도상국이다.

일반적으로 선진국은 북반구, 개발도상국은 남반구에 위치하므로 양자의 경제 격차는 '남북문제'라고 불리는데, 기후위기 문제에서도 북반구의 선진국이 배출한 CO_2 때문에 남반구의 개발도상국이 피해를 입는 남북문제가 생기고 있다. 또한 기온 상승으로 농경지나 어장이 북쪽으로 옮겨 갈 것으로 예상되는데, 그로 인한 혜택을 누리는 것도 북반구의 나라들이다.

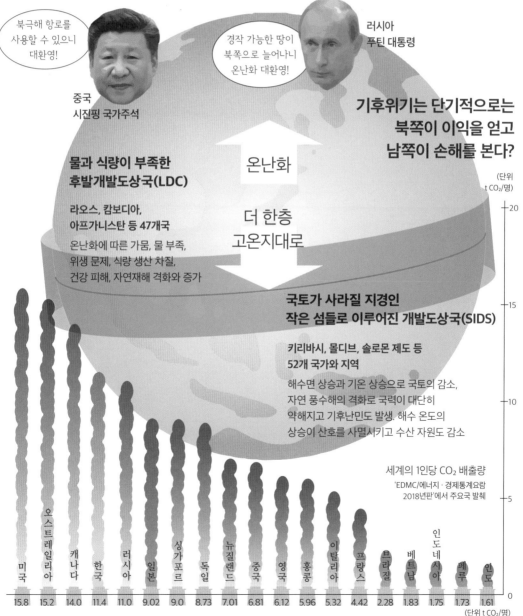

북극해 항로를 사용할 수 있으니 대환영!

중국 시진핑 국가주석

경작 가능한 땅이 북쪽으로 늘어나니 온난화 대환영!

러시아 푸틴 대통령

기후위기는 단기적으로는 북쪽이 이익을 얻고 남쪽이 손해를 본다?

온난화

더 한층 고온지대로

(단위 t CO_2/명)

물과 식량이 부족한 후발개발도상국(LDC)

라오스, 캄보디아, 아프가니스탄 등 47개국

온난화에 따른 가뭄, 물 부족, 위생 문제, 식량 생산 차질, 건강 피해, 자연재해 격화와 증가

국토가 사라질 지경인 작은 섬들로 이루어진 개발도상국(SIDS)

키리바시, 몰디브, 솔로몬 제도 등 52개 국가와 지역

해수면 상승과 기온 상승으로 국토의 감소, 자연 풍수해의 격화로 국력이 대단히 약해지고 기후난민도 발생. 해수 온도의 상승이 산호를 사멸시키고 수산 자원도 감소

세계의 1인당 CO_2 배출량
'EDMC/에너지 · 경제통계요람 2018년판'에서 주요국 발췌

미국	오스트레일리아	캐나다	한국	러시아	일본	싱가포르	독일	뉴질랜드	중국	영국	홍콩	이탈리아	프랑스	브라질	베트남	인도네시아	페루	인도
15.8	15.2	14.0	11.4	11.0	9.02	9.0	8.73	7.01	6.81	6.12	5.96	5.32	4.42	2.28	1.83	1.75	1.73	1.61

(단위 t CO_2/명)

1억 명 이상의
'기후난민'이 생겨난다

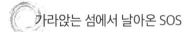

가라앉는 섬에서 날아온 SOS

2020년 1월, 유엔은 기후위기를 이유로 한 난민 신청을 최초로 인정했다. 계기가 된 것은 2015년에 키리바시 주민이 뉴질랜드 이주를 신청하여 거부당했던 일이었다.

키리바시는 태평양의 작은 섬들로 이루어진 나라이다. 해발이 낮아서 온난화에 의한 해수면 상승이 진행되어 사람들의 생활이 위협받고 있다. 결국, 주민의 난민 신청은 목숨이 위태로운 사태는 아니라는 이유로 인정되지 않았지만, 이 사건을 통해 '기후난민'에 세계의 눈길이 쏠리게 되었다.

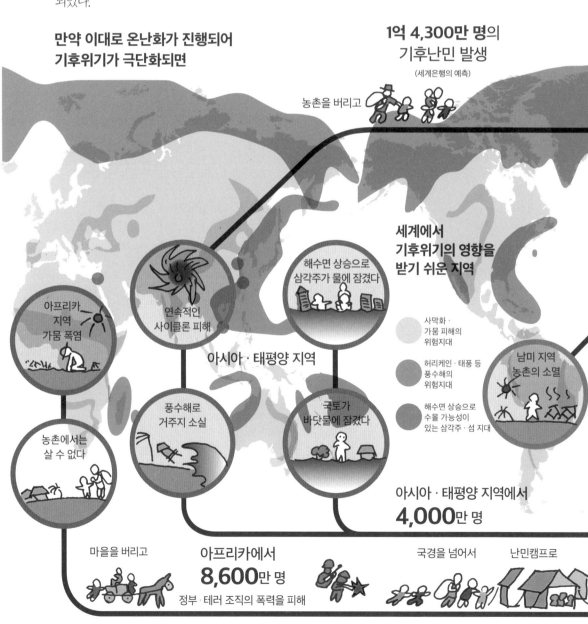

만약 이대로 온난화가 진행되어
기후위기가 극단화되면

1억 4,300만 명의
기후난민 발생

(세계은행의 예측)

농촌을 버리고

세계에서
기후위기의 영향을
받기 쉬운 지역

해수면 상승으로
삼각주가 물에 잠겼다

아프리카
지역
가뭄 폭염

연속적인
사이클론 피해

아시아 · 태평양 지역

사막화 ·
가뭄 피해의
위험지대

허리케인 · 태풍 등
풍수해의
위험지대

해수면 상승으로
수몰 가능성이
있는 삼각주 · 섬 지대

남미 지역
농촌의 소멸

농촌에서는
살 수 없다

풍수해로
거주지 소실

국토가
바닷물에 잠겼다

아시아 · 태평양 지역에서
4,000만 명

마을을 버리고

아프리카에서
8,600만 명

정부 · 테러 조직의 폭력을 피해

국경을 넘어서

난민캠프로

기후난민을 받아들이는 일을 앞당기고 있다

　키리바시뿐만 아니라 투발루, 몰디브 등의 섬나라도 해수면 상승이 진행되어 이대로 가면 섬의 대부분이 물에 잠기고, 사람이 살 수 없게 될 것이라고 한다. 또한 가뭄에 따른 물 부족이나 식량 부족, 폭풍우에 의한 홍수 등에 의해 피난이나 이주를 강요받고 있는 사람도 적지 않다.

　개발도상국을 경제적으로 지원하는 세계은행은 2050년까지 1억 4,300만 명이나 되는 기후난민이 생겨날 것이라고 경고하고 있다. 가뭄이 계속되는 사하라 이남 아프리카가 8,600만 명, 자연 재해가 많은 남아시아가 4,000만 명, 농작물의 흉작으로 골치를 앓는 중남미가 1,700만 명으로 추산되고 있다.

　이정도로 많은 사람들이 국경을 넘어서 이동하게 되면 국제적인 지원도 필요하고 그들을 받아들인 나라도 대책을 정비해야 한다.

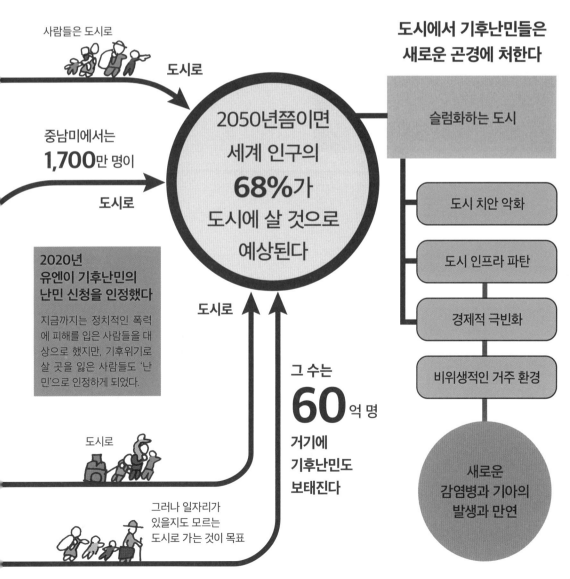

사람들은 도시로

도시로

중남미에서는
1,700만 명이

도시로

**2020년
유엔이 기후난민의
난민 신청을 인정했다**

지금까지는 정치적인 폭력에 피해를 입은 사람들을 대상으로 했지만, 기후위기로 살 곳을 잃은 사람들도 '난민'으로 인정하게 되었다.

도시로

2050년쯤이면
세계 인구의
68%가
도시에 살 것으로
예상된다

도시로

그 수는
60억 명
거기에
기후난민도
보태진다

도시로

그러나 일자리가
있을지도 모르는
도시로 가는 것이 목표

**도시에서 기후난민들은
새로운 곤경에 처한다**

슬럼화하는 도시

도시 치안 악화

도시 인프라 파탄

경제적 극빈화

비위생적인 거주 환경

새로운
감염병과 기아의
발생과 만연

Part 3

물을 둘러싼 국제 분쟁에
기후위기가 기름을 부었다

 메콩강을 좌지우지하는 중국

20세기가 석유 분쟁의 시대라면, 21세기는 물을 둘러싼 분쟁의 시대가 될 것이라고 한다. 기후위기 때문에 물 부족이 심각해져서 이제는 물이 귀중한 자원이 된 것이다.

아래에 제시한 것은 대표적인 물 분쟁이다. 특히 요즘 문제가 되고 있는 것은 메콩강을 둘러싼 중국과 강 하류 국가 사이의 대립이다. 메콩강 상류에 위치한 중국은 수력 발전을 위해 거대한 댐을 잇달아 건설하고 있다. 그 때문에 강물이 가로막혀 하류의 물이 줄어들거나, 반대로 댐에서 한꺼번에 방류한 물 때문에 하류에서 홍수가 일어나기도 하여 메콩강을 삶의 터전으로 삼

메콩 상류에서 덮쳐오는,
동남아시아 '물' 전쟁의 예감
중국 VS 베트남, 타이, 라오스, 캄보디아

윈난 샤오완 댐은 높이 약 300m, 발전량 188억kw. 2004년에 메콩강 상류를 막았다.

중국은 상류에서 메콩강을 지배하려 하고 있다

메콩강 위원회
타이 · 라오스 ·
캄보디아 · 베트남
+ 미국은 중국에
항의하고 있다

● 비가 오면 윈난 댐 방류로 종종 홍수 발생. 수위 상승으로 어업 자원이 휩쓸려 가고 있다!!

● 갈수기에는 윈난 댐의 영향으로 심각한 수위 저하가 일어나고 있다!!

● 메콩 삼각주 수위가 낮아지고, 해수가 유입되어 논에서 염해가 발생. 쌀 수확에 영향이 있다!!

물 분쟁으로
아랄해를 소멸시키려 하고 있는
중앙아시아 여러 나라

옛 소비에트 연방 여러 나라들은 소비에트 붕괴 후에 시르다리야강과 아무다리야강의 물 이권을 두고 대립했다. 그 결과 아랄해의 고갈이 진행되고 있다.

독립 당시의 내전부터 계속된,
운명적인 국경과 '물' 분쟁
인도 VS 파키스탄

인도와 파키스탄은 영국에서 독립했을 때 격렬한 내전 끝에 각각 다른 국가가 되고 말았다. 그때의 국경 분쟁과 물 분쟁이 현재까지 계속되고 있다.

고 있는 라오스, 베트남, 타이, 캄보디아 등의 유역 국가로부터 비난의 목소리가 높아지고 있다. 메콩강 유역은 그렇지 않아도 이상기상에 의한 물 부족 때문에 골치를 앓고 있으며, 어업이나 농업도 쇠퇴하고 있다. 댐 건설 때문에 사태가 더욱 악화되는 건 아닐지 걱정이 된다.

이스라엘 VS 팔레스타인, 물 전쟁 시작

　이스라엘과 팔레스타인의 물 전쟁은 반세기 이상 계속되었다. 1967년 제3차 중동전쟁에서 이스라엘이 수자원이 풍부한 요르단강 서안과 골란고원을 점령한 뒤, 선주민이었던 팔레스타인 사람은 물 사용을 엄격히 제한당해, 이스라엘의 3분의 1밖에 분배받지 못한다. 게다가 기후위기로 강수량도 줄어들어 요르단강의 물이 감소하고 있다. 팔레스타인 문제는 종교와 민족 대립으로 시작되었지만 불평등한 물의 분배가 대립을 더욱 심화시키고 있다.

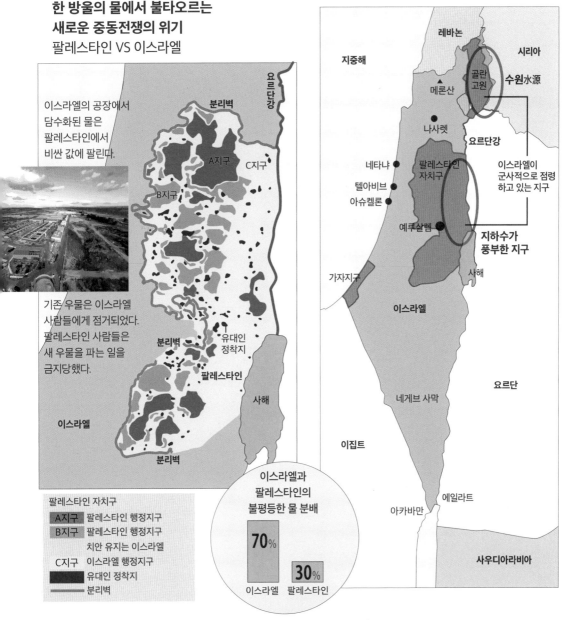

**한 방울의 물에서 불타오르는
새로운 중동전쟁의 위기**
팔레스타인 VS 이스라엘

이스라엘의 공장에서
담수화된 물은
팔레스타인에서
비싼 값에 팔린다.

기존 우물은 이스라엘
사람들에게 점거되었다.
팔레스타인 사람들은
새 우물을 파는 일을
금지당했다.

분리벽
A지구
B지구
C지구
유대인
정착지
팔레스타인
분리벽
이스라엘
사해
요르단강
분리벽

팔레스타인 자치구
A지구 팔레스타인 행정지구
B지구 팔레스타인 행정지구
　　　 치안 유지는 이스라엘
C지구 이스라엘 행정지구
　　　 유대인 정착지
　　　 분리벽

이스라엘과
팔레스타인의
불평등한 물 분배
70% **30**%
이스라엘 팔레스타인

레바논
지중해
시리아
골란고원 **수원水源**
메론산
나사렛
요르단강
네타냐
텔아비브
아슈켈론
팔레스타인
자치구
이스라엘이
군사적으로 점령
하고 있는 지구
예루살렘
**지하수가
풍부한 지구**
가자지구
사해
이스라엘
네게브 사막
요르단
이집트
아카바만
에일라트
사우디아라비아

기후위기는 세계 경제에 엄청난 손실을 가져온다

자연재해에 따른 경제 손실

전 지구에 걸친 기후위기는 다양한 문제를 초래하고, 세계 경제에 커다란 타격을 줄 것으로 예상된다. 이미 자연재해에 의한 경제 손실이 눈에 보이는 형태로 나타나고 있다. 아래 지도는 1998년부터 2017년까지 20년 동안 일어난 자연재해에 따른 손실액을 나라별로 나타낸 것이다. 재해는 지진을 제외하면 대부분 이상기상에 의해 일어난 것으로 생각되며 호우, 홍수, 가뭄, 산불, 극단적인 기온(이상고온이나 이상저온) 순으로 많아지고 있다.

20년간의 피해 총액은 지진을 빼고도 2조 달러(약 2,250조 원) 이상이다. 국가별로는 허리케인이나 산불이 늘고 있는 미국, 홍수가 잇따르고 있는 중국, 원래 자연 재해가 많은 일본이 상위를 차지하고 있다.

자연재해로 인한 경제 손실은 1978년에서 1997년까지 20년 동안에 비해 2배로 늘었으며 온난화가 진행됨에 따라 앞으로 더욱 증가할 것으로 예상된다.

열 스트레스로 인한 생산성 저하

기후위기에 따른 경제 손실은 자연 재해에 의한 것만이 아니다. 국제노동기구는 2019년에 발표한 보고서에서, 폭염이 인간의 몸에 미치는 열 스트레스에 의해 노동 생산성이 저하한다고 경고하고 있다.

보고서에 따르면, 기온 상승을 이번 세기 말까지 1.5℃로 억제한다고 상정한 경우, 2030년까지 세계 전체의 노동 시간이 2.2% 손실되고 실업자는 8,000만 명, 경제 손실은 2조 4,000억 달러(약 2,500조 원)에 이른다고 한다. 농업, 건설업, 수송업, 관광업 등, 야외의

세계는 이미 격화하는 자연재해로 커다란 경제 손실을 입고 있다

미국
944.8

멕시코
46.5

푸에르토리코
71.7

세계의 손해 총액은 2조 9,100억 달러나 된다 이것은 이전 20년 동안 (1978-1997)의 2배

만약 앞으로 온난화를 막는 데 효과적인 방법이 없다면

작업을 동반하는 직종은 특히 위험이 높다고 할 수 있을 것이다.

이미 많은 세계적 기업은 기후위기에 따른 위험을 상정하고 대책을 찾고 있다. 예를 들면 자연 재해에 대비하여 국내외 시설의 방재를 강화하거나 온난화를 억제하기 위해 에너지나 수송 등을 CO_2를 배출하지 않는 방법으로 바꾸는 등의 방법이 있지만 이 모든 일에는 새로운 비용을 투입해야 한다.

기후위기에 따른 손실과 기후위기에 대처하기 위한 비용을 합치면 기업은 커다란 부담을 지게 되고, 세계 경제에 끼치는 영향은 헤아릴 수 없을 정도이다.

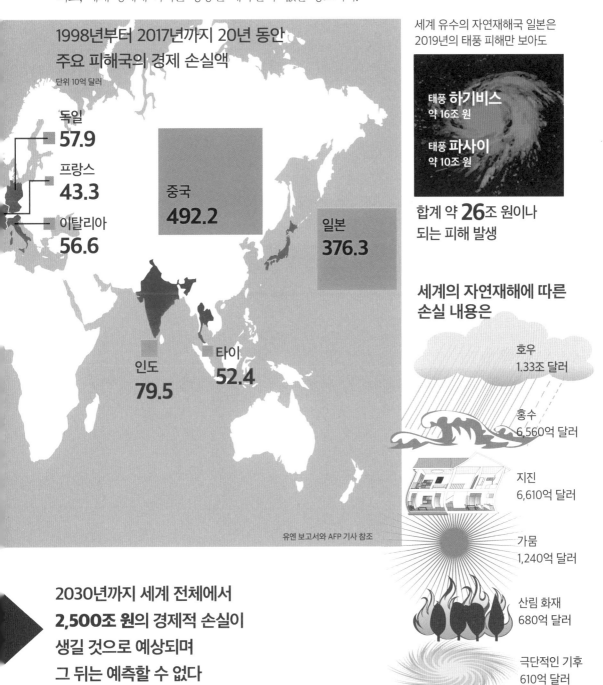

1998년부터 2017년까지 20년 동안 주요 피해국의 경제 손실액

단위 10억 달러

독일
57.9

프랑스
43.3

이탈리아
56.6

중국
492.2

일본
376.3

인도
79.5

타이
52.4

유엔 보고서와 AFP 기사 참조

세계 유수의 자연재해국 일본은 2019년의 태풍 피해만 보아도

태풍 **하기비스**
약 16조 원

태풍 **파사이**
약 10조 원

합계 약 **26**조 원이나 되는 피해 발생

세계의 자연재해에 따른 손실 내용은

호우
1.33조 달러

홍수
6,560억 달러

지진
6,610억 달러

가뭄
1,240억 달러

산림 화재
680억 달러

극단적인 기후
610억 달러

2030년까지 세계 전체에서 **2,500조 원**의 경제적 손실이 생길 것으로 예상되며 그 뒤는 예측할 수 없다

Part 3

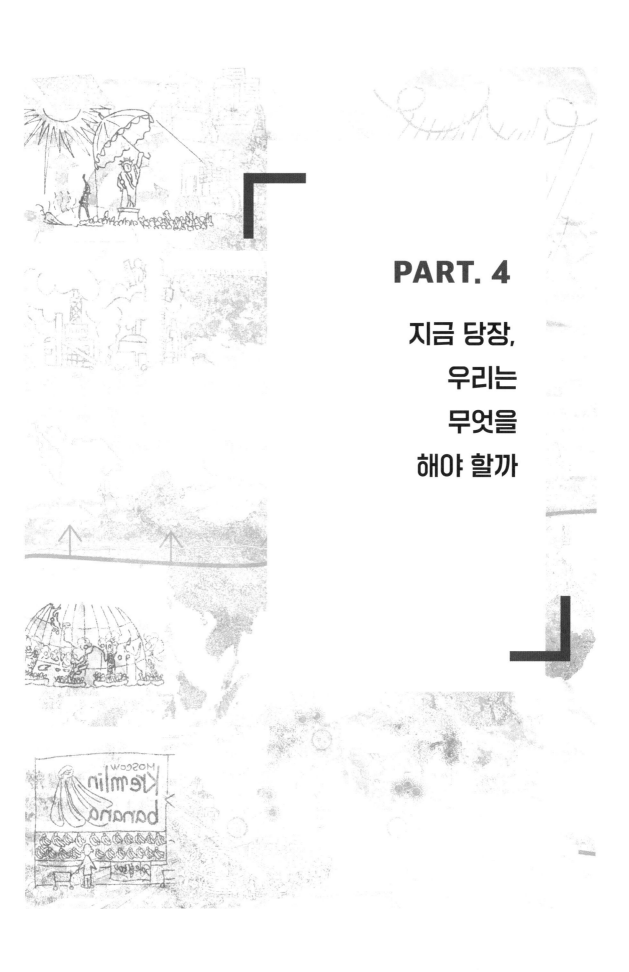

PART. 4

지금 당장,
우리는
무엇을
해야 할까

기후위기 대책,
SDGs로 유엔이 앞장섰다

 세계가 2030년까지 해야 할 일

유엔에 가입한 세계 193개국은 2015년에 '지속가능 발전을 위한 2030 어젠다(행동목표)'를 채택하고, 아래와 같은 17개의 '지속가능 발전목표SDGs'를 내걸고 2030년까지 달성하는 것을 목표로 삼고 있다.

그중 기후위기 대책은 '목표 13'으로 제시되어 있다. 구체적으로는 기후변화의 완화(CO_2 저감 등)

목표 1	모든 곳에서 모든 형태의 빈곤 종식

목표 2	기아 종식, 식량 안보와 개선된 영양 상태의 달성, 지속가능한 농업 강화

목표 3	모든 연령층을 위한 건강한 삶 보장과 복지 증진

목표 4	모두를 위한 포용적이고 공평한 양질의 교육 보장 및 평생학습 기회 증진

목표 5	성평등 달성과 모든 여성 및 여아의 권익 신장

목표 6	모두를 위한 물과 위생의 이용 가능성과 지속가능한 관리 보장

목표 7	적정한 가격에 신뢰할 수 있고 지속가능한 현대적인 에너지에 대한 접근 보장

유엔이 2030년까지 지향하는

목표 8	포용적이고 지속가능한 경제 성장, 완전하고 생산적인 고용과 모두를 위한 양질의 일자리 증진

목표 9	회복력 있는 사회기반시설 구축, 포용적이고 지속가능한 산업화 증진과 혁신 도모

와 기후변화에 대한 적응을 지향하며, 다음과 같은 목표가 설정되어 있다.

❶ 기후변화가 초래하는 재해나 자연재해에 대처하는 능력을 모든 나라가 갖는다.
❷ 나라별로 기후변화 대책을 위한 정책, 전략, 계획을 수립한다.
❸ 기후변화에 대처하기 위한 교육, 계발, 인적 능력 및 제도 기능을 개선한다.

그 밖에 개발도상국을 위해 녹색기후기금을 본격적으로 가동시켜, 현지의 능력 개발을 지원하는 것도 목표로 설정되어 있다. 유엔이 제시한 목표를 향해 이미 세계가 대처하기 시작했다.

지속가능 발전목표SDGs

양질의 교육

5 성평등

6 깨끗한 물과 위생

목표 12	지속가능한 소비와 생산 양식의 보장

목표 13	기후변화와 그로 인한 영향에 맞서기 위한 긴급 대응

불평등 감소

11 지속가능한 도시와 공동체

12 지속가능한 생산과 소비

목표 14	지속가능 발전을 위한 대양, 바다, 해양자원의 보전과 지속가능한 이용

정의, 평화, 효과적인 제도

17 지구촌 협력

목표 15	육상생태계의 지속가능한 보호·복원·증진, 숲의 지속가능한 관리, 사막화 방지, 토지 황폐화의 중지와 회복, 생물다양성 손실 중단

목표 10	국내 및 국가 간 불평등 감소

목표 16	지속가능 발전을 위한 평화롭고 포용적인 사회 증진, 모두에게 정의를 보장, 모든 수준에서 효과적이며 책임감 있고 포용적인 제도 구축

목표 11	포용적이고 안전하며 회복력 있고 지속가능한 도시와 주거지 조성

목표 17	이행수단 강화와 지속가능 발전을 위한 글로벌 파트너십의 활성화

'파리협약'의 탄생,
세계가 온난화 대책에 합의했다

 CO₂ 저감을 위해 세계가 움직인다

1985년, 지구 온난화에 관한 최초의 세계회의인 프라하회의가 열렸다. 1988년에는 '기후변화에 관한 정부 간 협의체IPCC'가 설립되어 과학적 데이터에 기반을 둔 보고서를 발표, 이 후 세계의 정책에 영향을 주었다.

1992년에는 기후변화를 초래하는 온실가스 저감을 목표로 하는 '유엔기후변화협약'이 채택되고, 1997년에는 일본 교토에서 열린 회의에서 '교토의정서'가 채택되었다. 이것은 2020년까지의 CO₂ 저감 목표를 정하기 위한 틀이었다. 그러나 선진국만 대상으로 했고, 중국이나 인도 등 신

1960~ 1970년대는 **한랭화설이 상식이었다**

지구는 지축의 변화에 의해

빙기로 향하고 있다

「타임」이나 「뉴스위크」 등의 잡지가 큰 특집으로 다루었다

과학적 데이터가 뒷받침되지 않은 한랭화설이 상식화

1896년
지구 온난화가 최초로 지적되었다

CO₂가 2배가 되면 기온은 5~6℃ 상승

스반테 아레니우스
(1859-1927)
스웨덴의 화학자.
전해질 연구로 노벨화학상 수상.
노년의 연구에서 지구의 온난화를 지적했다.

온난화설을 계속 무시했다

이 시기에는 환경오염 문제 연구에서 CO₂ 조사가 진행되고 있었다

처음으로 온난화가 주목받았다

1979년
전미과학아카데미 차니charney 보고서

지구는 온난화하고 있다

1985년
프라하회의
세계 최초의
온난화 학술회의

1980년대 중반부터 유엔이 움직이기 시작했다

세계기상기구
WMO

유엔환경계획
UNEP

1988년
기후변화에 관한
정부 간 협의체
IPCC 설립

전 세계의 기상에 관한 학술보고를 집약하여 평가하는 전문가 기구

21세기에는 CO₂가 2배가 되고, 기온이 1.5~4.5℃ 상승한다

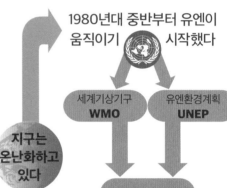

일본

홍국은 제외되었으므로 미국이 불참을 표명했다. CO_2 배출량이 많은 미국과 중국이 가입하지 않은 조약은 재검토가 요구되었다.

CO₂ 감축을 위해 세계가 움직인다

그때까지 기후위기 대책은 CO_2 감축이 중심이었지만, 개발도상국을 지원하는 것도 대책의 하나로 포함하여야 하며 그 대신에 모든 나라가 참가해야 한다는 의견이 많아졌다. 그리하여 모든 나라가 참가하는 '파리협약'이 채택되어 2016년에 발효, 기온 상승을 산업혁명 이전에 비해 2℃ 미만, 가능하면 1.5℃로 억제한다는 목표를 정했다. 그러나 2017년 미국의 트럼프 대통령은 탈퇴를 표명했고, 이에 반대한 많은 미국 주정부는 곧바로 '미국기후연맹'을 결성하여 파리협약 준수를 표명했다 (2021년 1월, 미국의 46대 대통령 바이든은 취임 당일에 파리협약 공식 복귀를 선언했다. - 감수자).

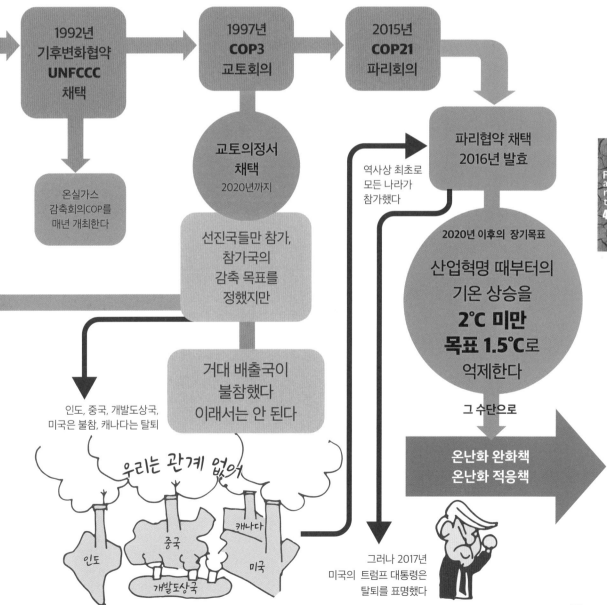

목표는 1.5℃,
세계는 무엇을 해야 할까?

온실가스를 줄이는 완화책

　　SDGs나 파리협약이 지향하는 기후위기 대책은 이미 여러 나라에서 시작되고 있다. 기후위기 대책은 '완화'와 '적응'을 두 개의 기둥으로 하여, 서로 보완하면 보다 큰 효과가 생길 것으로 기대되고 있다. 기후위기의 '완화'란, 지구 온난화의 진행을 억제하는 것이다.

　　파리협약은 지구의 평균기온 상승을 '산업혁명 이전에 비해 2℃ 미만, 가능하면 1.5℃로 억제하고, 그러기 위해 '21세기 후반에는 온실가스 배출량을 실질적 제로로 한다'는 장기 목표를 내걸고 있다. 실질적 제로란, 온실가스 배출량을 감축하면서 삼림 등에 의한 온실가스 흡수량을

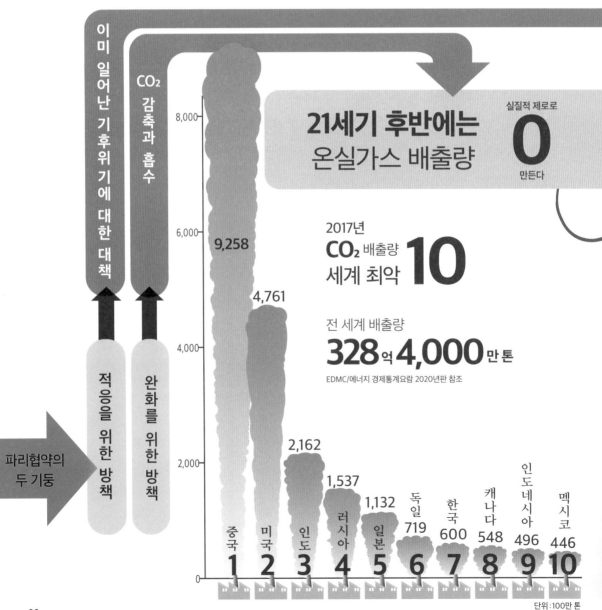

이미 일어난 기후위기에 대한 대책

CO₂ 감축과 흡수

파리협약의 두 기둥

적응을 위한 방책

완화를 위한 방책

21세기 후반에는 온실가스 배출량

실질적 제로로
0
만든다

2017년
CO₂ 배출량
세계 최악 **10**

전 세계 배출량
328억 4,000만 톤

EDMC/에너지 경제통계요람 2020년판 참조

중국 1 — 9,258
미국 2 — 4,761
인도 3 — 2,162
러시아 4 — 1,537
일본 5 — 1,132
독일 6 — 719
한국 7 — 600
캐나다 8 — 548
인도네시아 9 — 496
멕시코 10 — 446

단위 : 100만 톤

증가시켜 온실가스 배출량을 0으로 한다는 의미이다. 그러므로 온실가스가 발생하지 않는 대체 에너지로 전환하는 등의 저감책과 인간에 의해 망가진 삼림 등을 회복시키는 흡수책이 함께 진행되고 있다.

새로운 기후에 대비하는 적응책

한편, 기후위기에 대한 '적응'이란 이미 일어나고 있는 기후위기의 영향에 대처할 수 있는 태세를 갖추는 것이다. 구체적인 예로는 호우, 홍수, 산불 등, 기후위기에서 기인하는 재해의 방지·경감을 들 수 있다. 특히 해수면 상승으로 수몰 위기에 처한 투발루 같은 섬나라에 대한 대책이 빨리 세워져야 한다. 또한 가뭄이 장기화하는 건조지대의 나라들에서는 수자원 확보나 농업을 위한 관개시설 정비가 추진되고 있다.

서로 보완

수해 재해 대책, 물 환경의 변화에 따른
갈수 대책, 관개 시스템의 정비,
해수면 상승 피해 대책, 생태계 보전 등

Part 4

PART 4 지금 당장, 우리는 무엇을 해야 할까 ④

생활 속 온실가스는
어디서 많이 발생할까?

 우리 생활 속에서 발생하는 CO_2

애초에 온실가스는 어디에서 배출되고 있을까?

온실가스의 약 65%를 차지하는 CO_2는 화석 연료(석탄, 석유, 천연가스)를 태우면 발생한다. 주된 발생원은 화력 발전소, 공장, 자동차 등인데, 그것들의 혜택을 누리고 있는 것은 결국 우리들 인간이다.

전기, 가스, 등유를 사용하거나 자동차나 버스, 지하철 등을 타면 CO_2가 배출된다. 우리의 현재 생활은 CO_2를 배출함으로써 유지되고 있는 것이다.

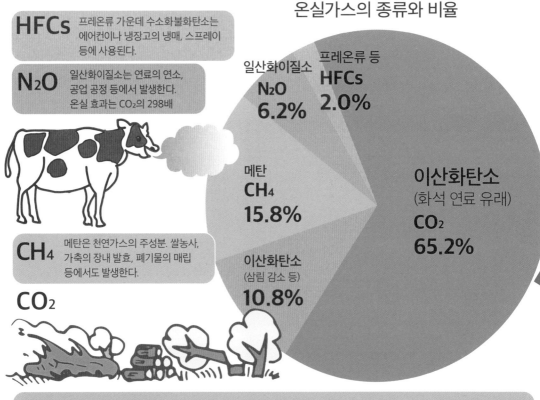

온실가스의 종류와 비율

HFCs 프레온류 가운데 수소화불화탄소는 에어컨이나 냉장고의 냉매, 스프레이 등에 사용된다.

N2O 일산화이질소는 연료의 연소, 공업 공정 등에서 발생한다. 온실 효과는 CO_2의 298배

CH4 메탄은 천연가스의 주성분. 쌀농사, 가축의 장내 발효, 폐기물의 매립 등에서도 발생한다.

CO2

일산화이질소 **N2O** **6.2%**

프레온류 등 **HFCs** **2.0%**

메탄 **CH4** **15.8%**

이산화탄소 (삼림 감소 등) **10.8%**

이산화탄소 (화석 연료 유래) **CO2** **65.2%**

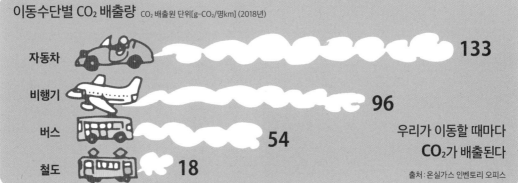

이동수단별 CO_2 배출량 CO_2 배출원 단위[g-CO_2/명km] (2018년)

이동수단	배출량
자동차	133
비행기	96
버스	54
철도	18

우리가 이동할 때마다 CO_2가 배출된다

출처 : 온실가스 인벤토리 오피스

온실 효과가 높은 메탄과 프레온

메탄은 CO_2만큼 배출량이 많지는 않지만 CO_2의 약 25배나 되는 온실 효과를 일으키고 있다. 메탄의 주된 발생원은 농업 분야이다. 메탄은 습지에서 생성되기 쉬우므로 일본을 비롯한 아시아에 많은 논에서 발생한다.

한편, 대규모 낙농업이 이루어지고 있는 미국 등에서는 소의 트림이 문제이다. 소가 되새김질하는 과정에서 발생하는 메탄은 하루에 160~320리터나 된다고 한다.

메탄보다 온실 효과가 더 강력한 프레온류는 인공적인 물질인데, 냉장고나 에어컨의 냉매, 스프레이 분사제 등으로 사용된다. 1980년대에 지구를 자외선으로부터 보호하는 오존층을 파괴하는 물질이라고 문제가 되어 현재는 '대체 프레온'이라고 불리는 수소화불화탄소(HFC)가 주로 사용되고 있다. HFC는 오존층은 파괴하지 않지만 온실 효과는 CO_2의 1,430배나 된다.

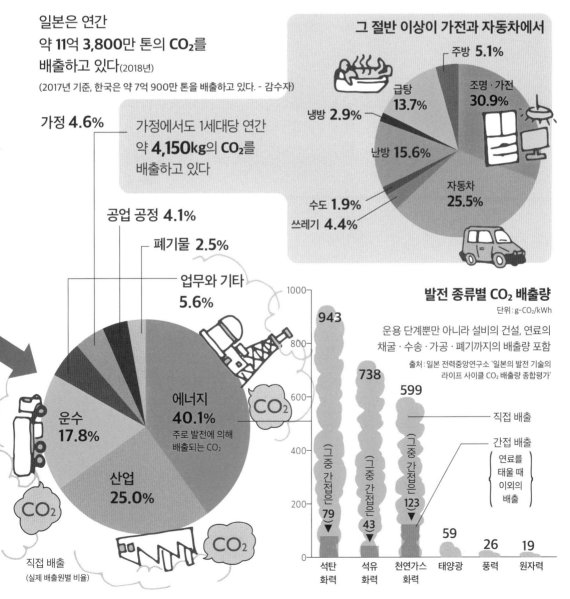

일본은 연간
약 11억 3,800만 톤의 CO_2를
배출하고 있다(2018년)

(2017년 기준, 한국은 약 7억 900만 톤을 배출하고 있다. - 감수자)

그 절반 이상이 가전과 자동차에서

가정에서도 1세대당 연간
약 4,150kg의 CO_2를
배출하고 있다

- 주방 5.1%
- 조명·가전 30.9%
- 급탕 13.7%
- 냉방 2.9%
- 난방 15.6%
- 자동차 25.5%
- 수도 1.9%
- 쓰레기 4.4%

- 가정 4.6%
- 공업 공정 4.1%
- 폐기물 2.5%
- 업무와 기타 5.6%
- 에너지 40.1% 주로 발전에 의해 배출되는 CO_2
- 운수 17.8%
- 산업 25.0%

직접 배출
(실제 배출원별 비율)

발전 종류별 CO_2 배출량

단위 : $g\text{-}CO_2/kWh$

운용 단계뿐만 아니라 설비의 건설, 연료의 채굴·수송·가공·폐기까지의 배출량 포함

출처 : 일본 전력중앙연구소 '일본의 발전 기술의 라이프 사이클 CO_2 배출량 종합평가'

- 직접 배출
- 간접 배출 연료를 태울 때 이외의 배출

- 석탄 화력 : 943 (그 중 간접은 79)
- 석유 화력 : 738 (그 중 간접은 43)
- 천연가스 화력 : 599 (그 중 간접은 123)
- 태양광 : 59
- 풍력 : 26
- 원자력 : 19

2050년까지, 탈탄소 시대를 향해서 간다!

 재생 가능한 에너지로 바꾼다

21세기 후반까지 온실가스 배출량을 실질적 제로로 만들기 위해 세계는 이미 움직이고 있다. 아래 제시한 것은 무배출 시스템Zero emission을 실현하기 위한 구체적인 대책이다.

CO_2를 가장 많이 배출하는 발전 분야에서는 화석 연료에서 태양광, 풍력, 중소 수력中小水力, 지열, 바이오매스 등 재생 가능한 에너지로 전환이 진행되고 있다. 특히 유럽은 '탈탄소'에 애를 쓰고 있으며, 발전에서 차지하는 재생 가능 에너지 비율은 덴마크는 약 80%, 스웨덴은 약 60%, 독일도 50% 가까이 된다. 또한 CO_2 배출량이 많은 철강, 시멘트, 화학, 펄프의 4대 산업 및 자

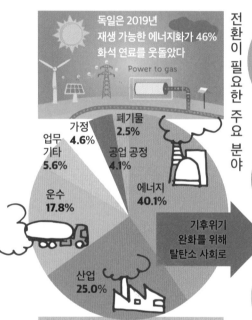

독일은 2019년 재생 가능한 에너지화가 46% 화석 연료를 웃돌았다

Power to gas

가정 4.6%
업무 기타 5.6%
폐기물 2.5%
공업 공정 4.1%
에너지 40.1%
운수 17.8%
산업 25.0%

기후위기 완화를 위해 탈탄소 사회로

전환이 필요한 주요 분야

전력 에너지의 전환

석탄·석유에서 → 비화석 에너지로

산업 구조의 전환

CO_2 배출 4대 산업의 구조 전환

산업 전체의 **70%**를 차지한다

철강업 시멘트 화학 펄프

수송 수단과 시스템의 전환

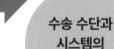

가솔린 엔진에서 전동 모터로 전환

농림수산업과 식량 생산의 전환

메탄의 배출 감축과 고기 없는 사회

쇠고기는 최대의 탄소 발자국 식품

유럽과 미국에서 비건화 인공육 개발 경쟁

국제금융의 산업투자 전환

세계의 금융자본이 탈탄소로 향하고 있다

국제 금융자본

2019년 12월
EU는 2050년 CO_2 배출 제로를 목표로 합의했다.

2040년에는
세계 식육의 60%는 인공육이 될 것으로 예측. 2023년에는 시장 규모가 약 1조 5,000억 원이 될 것이다.

2019년
미국의 금융 메이저 골드만삭스가 석탄화력 발전 사업, 석탄 채굴 사업에 융자를 줄이겠다고 발표했다.

2020년 1월
EU는 재생 가능 에너지 사업 육성을 위해 앞으로 10년 동안 약 1,200조 원 이상을 투자하겠다고 발표했다.

동차, 비행기, 선박 등의 운송 관련 업종도 탈탄소화를 향해 노력하기 시작했다.

금융계도 탈탄소에 투자

농업 분야에서는 강력한 온실가스 가운데 하나인 메탄을 대량으로 발생시키는 쇠고기 생산을 재검토하는 움직임도 보인다. 메탄 발생을 억제하는 사료의 개발, 메탄을 많이 발생시키지 않는 소의 품종 개량, 심지어 소의 세포를 배양한 인공육도 개발되기 시작했다.

산업을 지지하는 금융계도 탈탄소를 후원하는 자세를 명확하게 취하기 시작했다. 재생 가능한 에너지 관련 사업을 적극 지원하고, 화석 연료 중에 CO_2 배출량이 가장 많은 석탄화력에는 융자를 하지 않는다는 것이 이미 세계 금융의 상식이다. 그러므로 온난화 대책을 세우지 않는 기업은 살아남기 위한 발상의 전환이 요구되고 있다.

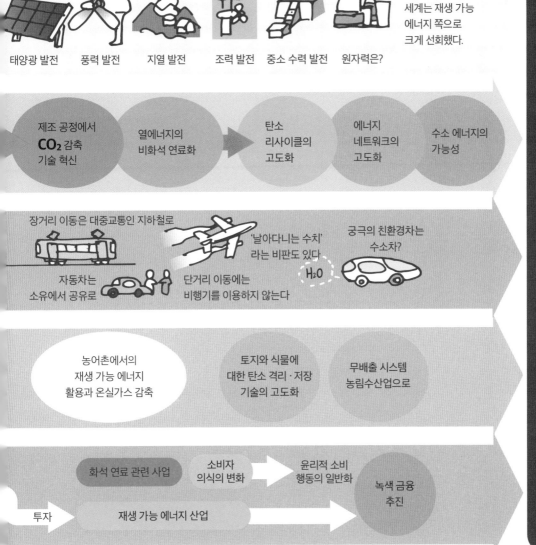

태양광 발전　　풍력 발전　　지열 발전　　조력 발전　　중소 수력 발전　　원자력은?

세계는 재생 가능 에너지 쪽으로 크게 선회했다.

2050년까지는 온실가스 배출을 0으로

제조 공정에서 CO_2 감축 기술 혁신

열에너지의 비화석 연료화

탄소 리사이클의 고도화

에너지 네트워크의 고도화

수소 에너지의 가능성

장거리 이동은 대중교통인 지하철로

'날아다니는 수차'라는 비판도 있다

궁극의 친환경차는 수소차?

자동차는 소유에서 공유로

단거리 이동에는 비행기를 이용하지 않는다

H_2O

농어촌에서의 재생 가능 에너지 활용과 온실가스 감축

토지와 식물에 대한 탄소 격리·저장 기술의 고도화

무배출 시스템 농림수산업으로

화석 연료 관련 사업

소비자 의식의 변화

윤리적 소비 행동의 일반화

녹색 금융 추진

투자　　재생 가능 에너지 산업

일본의 에너지 타개책은 '물'이다?

석탄 화력에 의존하는 일본

세계가 탈탄소화를 지향하는데, 일본의 에너지 정책은 세계에 역행하고 있다. 아래 그래프는 일본의 발전에 사용되는 에너지의 내용이다. 2017년 실적에서는 화석 연료가 전체의 약 80%를 차지하며, 그 대부분을 수입에 의존하고 있다. 심지어 CO_2 배출량이 가장 많은 석탄에 따른 화력 발전이 30%로 올라가고, 앞으로 석탄 화력 발전소가 증설될 예정이다[우리나라는 2017년 기준으로 전체 에너지 발전량 중에서 화력 발전이 68%(석탄 43%), 원자력이 26.8%를 차지하고 있다. 특히 석탄 화력 발전 비율이 일본보다 높은 43.1%를 차지하고 있으며 신재생 에너지 비율은 5% 수준에 머물러 있다. - 감수자].

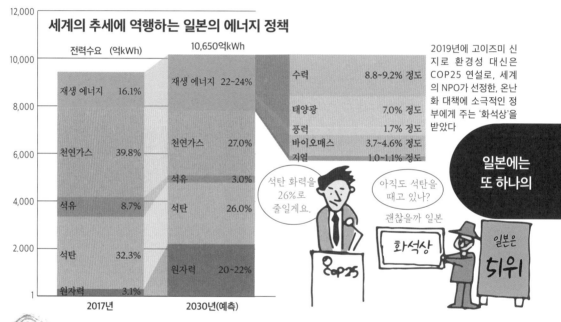

세계의 추세에 역행하는 일본의 에너지 정책

전력수요 (억kWh) / 10,650억kWh

2017년: 재생 에너지 16.1%, 천연가스 39.8%, 석유 8.7%, 석탄 32.3%, 원자력 3.1%

2030년(예측): 재생 에너지 22~24%, 천연가스 27.0%, 석유 3.0%, 석탄 26.0%, 원자력 20~22%

수력 8.8~9.2% 정도 / 태양광 7.0% 정도 / 풍력 1.7% 정도 / 바이오매스 3.7~4.6% 정도 / 지열 1.0~1.1% 정도

2019년에 고이즈미 신지로 환경성 대신은 COP25 연설로, 세계의 NPO가 선정한, 온난화 대책에 소극적인 정부에게 주는 '화석상'을 받았다

석탄 화력을 26%로 줄일게요.

아직도 석탄을 때고 있나?

괜찮을까 일본

화석상

일본은 되위

일본에는 또 하나의

가장 강력한 미래 에너지 후보는?

일본은 2030년까지 발전에서 화석 연료 비율을 56%까지 줄인다는 목표를 내걸고, 재생 가능 에너지의 이용률을 높이려 하고 있다(우리나라도 2018년에 화석 연료 비율을 점차 낮추면서 2030년까지 신재생 에너지 비율을 20%까지 올리겠다는 목표를 수립했다. - 감수자). 그중에서도 기대를 모으고 있는 것이 수소 에너지이다. 수소는 물을 전기분해해도 얻을 수 있지만, 하수 찌꺼기나 가축 배설물 등의 바이오매스, 갈탄이라고 불리는 저품질의 석탄 등에서도 얻을 수 있다. 수소를 얻는 과정에 필요한 전력을 재생 가능 에너지에서 얻으면 CO_2 제로도 실현할 수 있다. 식물의 광합성을 인공적으로 재현한 인공 광합성 기술도 주목받고 있다. 그 밖에, 기존 수력 발전과 같은 거대한 댐을 이용하지 않고 적은 비용으로 발전을 할 수 있는 중소 수력이 이미 농촌과 산촌에서 활용되고 있다. 일본의 차세대 에너지의 키워드는 '물'이라고 말할 수 있을지도 모른다.

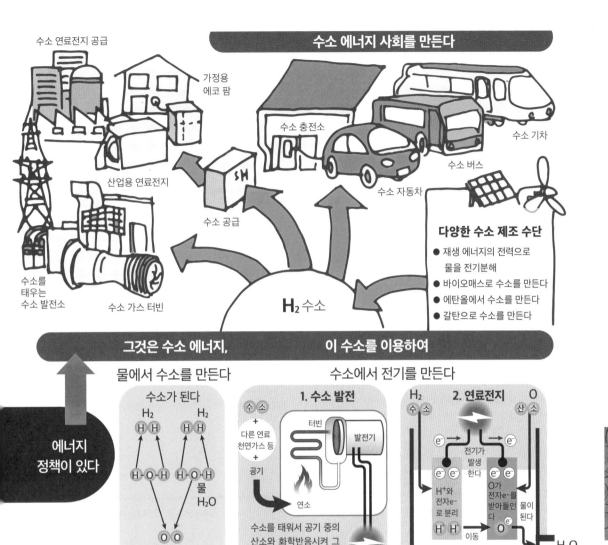

수소 연료전지 공급

가정용
에코 팜

수소 에너지 사회를 만든다

수소 충전소

수소 기차

수소 버스

수소 자동차

산업용 연료전지

수소 공급

수소를
태우는
수소 발전소

수소 가스 터빈

H_2 수소

다양한 수소 제조 수단
● 재생 에너지의 전력으로
  물을 전기분해
● 바이오매스로 수소를 만든다
● 에탄올에서 수소를 만든다
● 갈탄으로 수소를 만든다

그것은 수소 에너지,

이 수소를 이용하여

에너지
정책이 있다

물에서 수소를 만든다

수소가 된다

H_2 H_2

H H H H

H-O-H H-O-H 물
H_2O

O O

O_2

산소가 된다

수소에서 전기를 만든다

1. 수소 발전

수 소

다른 연료
천연가스 등

공기

터빈

발전기

연소

전기

수소를 태워서 공기 중의
산소와 화학반응시켜 그
에너지로 터빈을 돌려서
전기를 만든다

2. 연료전지

H_2 수 소

O 산 소

e^- e^-

전기가
발생
한다

e^- e^- e^- e^-

H^+와
전자e^-
로 분리

O가
전자e^-를
받아들인 물이
된다

H^+ H^+ 이동 Oe^-

H_2O

음극 양극

Part 4

인공 광합성으로 물에서 수소를 만든다

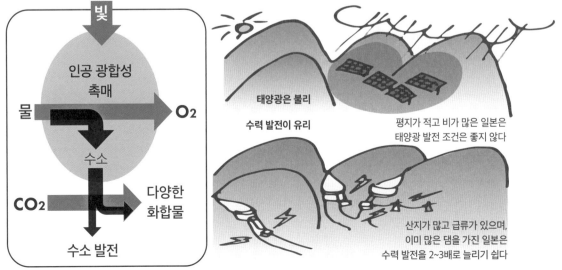

빛

인공 광합성
촉매

물 → O_2

수소

CO_2 → 다양한
화합물

수소 발전

일본의 산이 가진 수력 발전의 잠재력을 살린다

태양광은 불리

수력 발전이 유리

평지가 적고 비가 많은 일본은
태양광 발전 조건은 좋지 않다

산지가 많고 급류가 있으며,
이미 많은 댐을 가진 일본은
수력 발전을 2~3배로 늘리기 쉽다

전기차와 수소차는
우리 일상을 어떻게 바꿀까?

동력은 가솔린에서 전기로

일본의 CO_2 배출량 가운데 20% 정도는 자동차가 차지한다[우리나라는 전체 CO_2 배출량 7억 900만 톤 (2017년 기준) 중에서 약 1억 톤이 수송 분야(약 15%)에서 배출되며, 이 가운데 95%가 차량(나머지는 선박, 항공)에서 배출되고 있다. - 감수자]. 가솔린이나 경유 등, 석유를 연료로 하는 가솔린차는 엔진에서 가솔린을 태워서 달리므로 CO_2를 배출한다. 그러므로 CO_2 배출량이 적은 친환경차를 이용하는 것이 권장되고 있다.

현재의 친환경차는 엔진에 비해 에너지 효율이 높은 전기 모터를 장착하고 있다. 엔진과 모터

CO_2 배출량 비교

가솔린 엔진 차가 **100**이라면

하이브리드차는 **65**

미국이 낳은 자동차 중심의
라이프스타일

도착하는 곳은 대량 생산 대량 소비의
슈퍼마켓

차로 이동하는 것이 기본인 사회 인프라

미국인이 만든 이런 이동과 소비 스타일을
이제는 끝내야 한다

를 병용하는 하이브리드차의 CO_2 배출량은 가솔린차의 약 65%이며, 하이브리드차에 외부 충전 기능을 장착한 플러그 인 하이브리드차라면 전기로 달리는 동안은 CO_2 제로이다. 게다가 전기차 는 배터리에 충전한 전기만으로 달리므로 주행 중에는 CO_2를 전혀 배출하지 않는다.

수소로 달리는 최신 친환경 자동차

최고의 친환경 자동차로 기대를 모으고 있는 것은 수소를 이용한 연료전지차이다. 수소와 산소 의 화학 반응에 의해 전기를 발생시켜 모터를 가동하므로 배출하는 것은 물뿐이며, CO_2는 제로이 다. 수소 충전소가 잘 갖춰진다면 수소 사회 실현도 가능해질 것이다. 모든 친환경 자동차는 제조 나 폐기 단계에서 전력을 사용하므로 CO_2를 전혀 배출하지 않는 것은 아니지만, 어떤 자동차 회사 는 공장에 재생 가능 에너지를 도입하는 등 CO_2를 줄이려고 노력하고 있기도 하다.

가솔린 엔진

모터 / 배터리 / 가솔린

플러그 인 하이브리드차 37(충전 시)

모터 / 배터리

전기 자동차 1~37

위의 CO_2 배출량 비교는 주행할 때 나오는 CO_2뿐만 아니라, 연료를 정제하고 운반할 때 배출되는 CO_2도 포함한 것임

모터 / 공기 / 연료 전지 / 수소

수소차로 삶이 달라진다!?

최고의 친환경차 수소 연료전지차
CO_2 제로에 가깝다?
수소 제조에 화석 연료를 사용하면 CO_2를 배출. 재생 에너지를 이용하면 0이다.

RAILWAY

수소 버스 / 수소 충전소

인공 광합성 수소 플랜트

커뮤니티 위성 사무실

지역 수소 발전소

커뮤니티 안은 자전거로

바이오 수소 공장

커뮤니티 수소차 (자율주행)

Part 4

CO₂를 줄일 수 없다면,
모아서 묻어버리면 어떨까?

CO₂를 땅속에 묻는다

이산화탄소를 포집·저장하는 'CCS'는 배출된 CO_2를 잡아 모아서 플러스 마이너스 제로PLUS MINUS ZERO로 하자는 생각에서 태어난 기술이다. 이 기술은 화력발전소나 제철소 등에서 배출되는 CO_2 농도가 높은 배기가스에서 CO_2를 분리 포집하여 땅속이나 바다 밑에 묻어버린다. 포집한 CO_2를 자원으로 재이용하는 '이산화탄소 포집·활용-CCU' 기술도 주목받고 있다. 이미 세계 각지에서 실용화하는 연구를 많이 하고 있다.

그런데 CO_2의 포집, 수송, 저장에는 엄청난 비용과 에너지가 필요하며, 나중에 CO_2가 새어

일본의 미묘한 입장

문제는 이 기술이 아직 실증 실험 단계이며, 2030년 상용화까지 수많은 문제가 있다는 것

여러분, 일단 이렇게 해서 숨 좀 돌립시다.

물론, 할 겁니다.

온난화 방지에는 CO_2 제로밖에 없어.

탄소를 포집하여 저장한다

CCS

그렇게 빨리는 힘들지.

우린 아직 석탄이 필요해.

우리도 풍족해질 권리가 있어.

유럽 등 여러 선진국은 일찌감치 CO_2 제로 사회로 가고 있다

중국, 인도, 미국 등 거대 배출국은

지구 온난화 따위 알게 뭐람.

개발도상국 사람들 생각에 온난화는 선진국 책임!!

나올 가능성이 없다고 단정할 수도 없으므로 앞으로 풀어야 할 숙제는 산더미처럼 많다.

산업을 보호하기 위한 임시 방편

CCS가 추진되고 있는 것은 파리협약의 '1.5℃ 목표'를 달성하기 위해, 대기 중으로 배출되는 CO_2를 조금이라도 줄일 필요가 있기 때문이다. 동시에 현재의 산업을 보호하기 위해서이기도 하다. 전력을 석탄 화력에 의존하고 있는 국가들은 석탄 화력을 계속하기 위해서라도 CCS 도입에 적극적이다. 또한 개발도상국은 주로 값이 싼 석탄을 이용해 발전을 하며, 선진국처럼 재생 가능한 에너지로 바꿀 수 있는 경제적 여유가 없다. 애초에 CCS는 배출되어버린 CO_2를 없었던 것으로 하는 것일 뿐, 정말로 CO_2 배출을 감축하는 것은 아니다. CCS만 도입하면 CO_2를 배출해도 되는 것이 아니며, 탈탄소화 실현까지를 이어주는 기술로 생각해야 한다.

이산화탄소 포집 시스템

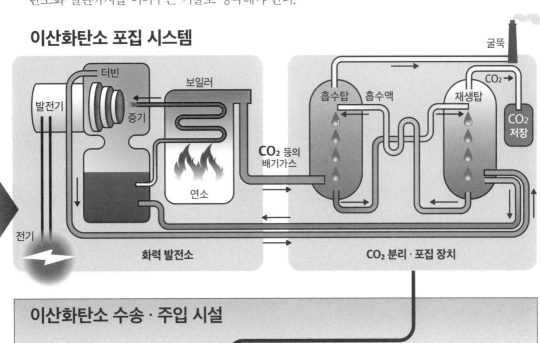

이산화탄소 수송 · 주입 시설

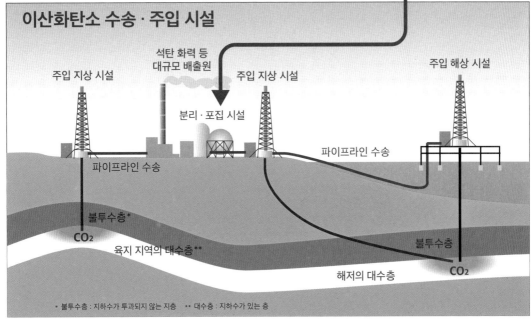

* 불투수층 : 지하수가 투과되지 않는 지층 ** 대수층 : 지하수가 있는 층

'탄소 창고'인 숲과 바다를 지켜서 CO_2 흡수량을 늘린다

CO_2를 흡수하는 숲을 되살린다

온난화 대책에는 CO_2 배출을 억제하는 방법과 대기 중의 CO_2를 흡수하는 방법이 있다. 앞에 나온 CCS는 인공적으로 CO_2를 포집하는 기술인데, CO_2 포집을 가장 효율적으로 해내고 있는 것은 자연계이다. 32~33쪽에서 보았듯이, 식물은 대기 중의 CO_2를 흡수하여 탄소를 축적하고, 그것을 먹은 동물은 호흡을 통해 CO_2를 뱉어낸다.

이 탄소 순환을 통해 배출되는 CO_2와 흡수되는 CO_2의 균형이 유지된다. 그러나 인간이 삼림을 농지로 바꿔버리거나 장작이나 목재로 쓰고 있어서, CO_2를 흡수하는 삼림이 줄어들고 있다.

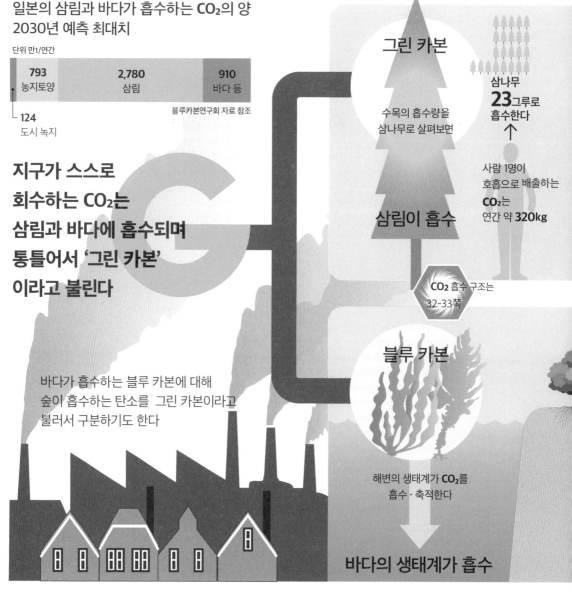

일본의 삼림과 바다가 흡수하는 CO_2의 양
2030년 예측 최대치

단위 만t/연간

793 농지토양	2,780 삼림	910 바다 등

124 도시 녹지

블루카본연구회 자료 참조

지구가 스스로
회수하는 CO_2는
삼림과 바다에 흡수되며
통틀어서 '그린 카본'
이라고 불린다

바다가 흡수하는 블루 카본에 대해
숲이 흡수하는 탄소를 그린 카본이라고
불러서 구분하기도 한다

그린 카본

수목의 흡수량을
삼나무로 살펴보면

삼림이 흡수

삼나무
23그루로
흡수한다

↑

사람 1명이
호흡으로 배출하는
CO_2는
연간 약 **320kg**

CO_2 흡수 구조는
32-33쪽

블루 카본

해변의 생태계가 CO_2를
흡수 · 축적한다

바다의 생태계가 흡수

2010년부터 2015년 사이에 전 세계에서 연평균 330만 헥타르의 숲이 사라졌다. 그러므로 나무를 심어서 숲을 되살리고 CO_2 흡수를 늘리려는 활동이 진행되고 있다.

바다가 축적하는 블루 카본

자연계에서 생물을 통해 흡수·축적되는 탄소를 '그린 카본'이라고도 한다. 그중에 바다의 생물을 통해 흡수·축적되는 탄소를 유엔환경계획UNEP이 '블루 카본'이라고 이름을 붙였다. 특히 CO_2 흡수량이 많은 것은 해조류나 해초의 군락, 맹그로브 숲, 갯벌이다. 바다로 둘러싸인 한국이나 일본은 블루 카본을 활용하기에 최적의 환경이다. 해초나 해조가 자라는 장소를 조성하여 잘 관리하면 일본의 경우 2030년에 최대 연 910만 톤의 CO_2를 흡수할 수 있는 것으로 추산된다(한국에서도 갯벌이나 조하대에서 탄소 흡수를 늘리기 위한 사업들이 진행 중이다. - 감수자).

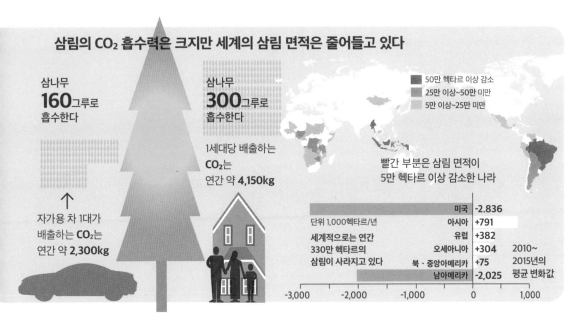

삼림의 CO₂ 흡수력은 크지만 세계의 삼림 면적은 줄어들고 있다

삼나무
160그루로
흡수한다

자가용 차 1대가
배출하는 CO_2는
연간 약 **2,300kg**

삼나무
300그루로
흡수한다

1세대당 배출하는
CO_2는
연간 약 **4,150kg**

50만 헥타르 이상 감소
25만 이상~50만 미만
5만 이상~25만 미만

빨간 부분은 삼림 면적이
5만 헥타르 이상 감소한 나라

단위 1,000헥타르/년

세계적으로는 연간
330만 헥타르의
삼림이 사라지고 있다

미국	-2,836
아시아	+791
유럽	+382
오세아니아	+304
북·중앙아메리카	+75
남아메리카	-2,025

2010~
2015년의
평균 변화값

-3,000 -2,000 -1,000 0 1,000

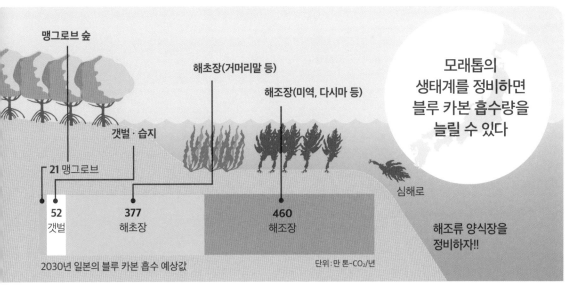

맹그로브 숲

해초장(거머리말 등)

해조장(미역, 다시마 등)

갯벌·습지

21 맹그로브

심해로

52
갯벌

377
해초장

460
해조장

2030년 일본의 블루 카본 흡수 예상값

단위 : 만 톤-CO_2/년

모래톱의
생태계를 정비하면
블루 카본 흡수량을
늘릴 수 있다

해조류 양식장을
정비하자!!

기업의 CO_2 감축을 촉구하는
탄소 발자국

온실가스를 수치로 나타낸 탄소 발자국

온실가스는 우리 눈에 보이지 않으므로 쉽게 체감할 수 없다. 그래서 이것을 눈에 보이는 형태로 나타낸 것이 '탄소 발자국'이다.

모든 제품은 원료의 조달에서 생산·유통·사용·폐기라는 과정을 거치며, 대부분의 과정에서 온실가스가 배출된다. 탄소 발자국이란 제품의 라이프사이클 전체를 통해 배출되는 다양한 온실가스의 양을 CO_2 배출량으로 환산하여 숫자로 나타낸 것이다.

놀랍게도, 세계의 온실가스 배출량의 4분의 1을 차지하는 것은 식품이다. 특히 쇠고기나 유제

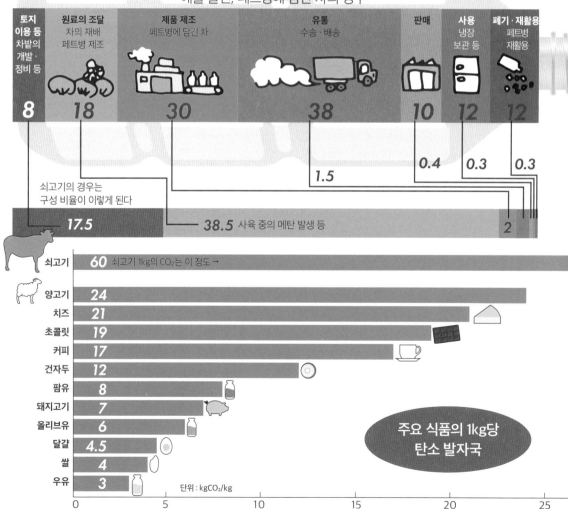

탄소 발자국의 내역

상품의 라이프사이클 전체에서 배출된 온실가스 배출량을
합계하여 CO_2 배출량으로 환산한 것

예를 들면, 페트병에 담긴 차의 경우

토지 이용 등 차밭의 개발·정비 등	원료의 조달 차의 재배 페트병 제조	제품 제조 페트병에 담긴 차	유통 수송·배송	판매	사용 냉장 보관 등	폐기·재활용 페트병 재활용
8	18	30	38	10	12	12

쇠고기의 경우는 구성 비율이 이렇게 된다

17.5   38.5 사육 중의 메탄 발생 등   1.5   0.4   0.3   0.3   2

주요 식품의 1kg당 탄소 발자국

쇠고기	60 쇠고기 1kg의 CO_2는 이 정도 →
양고기	24
치즈	21
초콜릿	19
커피	17
건자두	12
팜유	8
돼지고기	7
올리브유	6
달걀	4.5
쌀	4
우유	3

단위: kgCO₂/kg

0   5   10   15   20   25

품은 가축의 사육에 드는 에너지나 되새김질에 따른 메탄 배출량이 많으므로 식품 중에서도 단연 탄소 발자국이 높다.

CO₂를 줄이려는 노력이 기업 평가 기준이 된다

제품의 탄소 발자국을 알게 되면서 기업들도 CO_2 감축에 애를 쓰고 있다. 현재 유럽을 중심으로 제품에 탄소 발자국을 표시하려는 움직임이 진행되고 있으며 많은 기업이 CO_2를 적게 배출하는 제품을 개발하기 위해 노력하고 있다. 다른 나라에서도 공장에서 사용하는 전력을 재생 가능한 에너지로 대체하고, 수송할 때는 트럭 대신 철도나 배를 이용하는 등의 노력을 하고 있다. 또한 도저히 감축할 수 없는 CO_2는 나무 심기 등을 통해 상쇄하는 '탄소 상쇄'를 시도하는 기업도 늘고 있다. 온난화 대책을 강구하는 것은 이제 기업의 사회적 책임이 되어가고 있다.

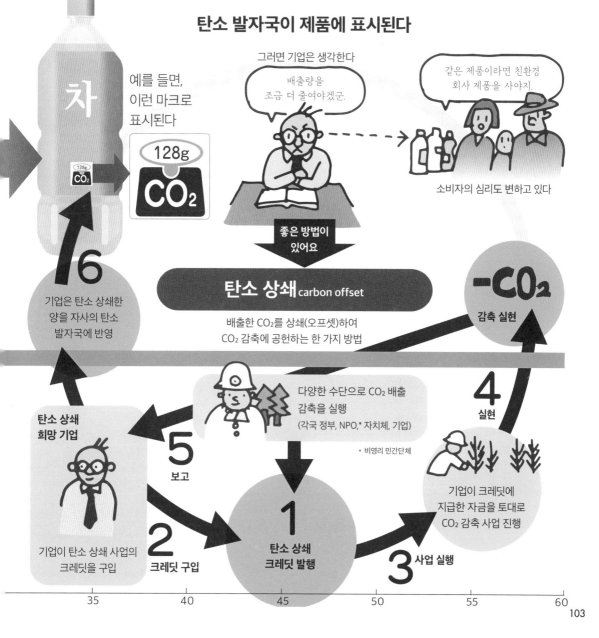

탄소 발자국이 제품에 표시된다

예를 들면, 이런 마크로 표시된다

128g CO₂

그러면 기업은 생각한다

배출량을 조금 더 줄여야겠군.

같은 제품이라면 친환경 회사 제품을 사야지.

소비자의 심리도 변하고 있다

좋은 방법이 있어요

탄소 상쇄 carbon offset

배출한 CO_2를 상쇄(오프셋)하여 CO_2 감축에 공헌하는 한 가지 방법

-CO₂
감축 실현

6 기업은 탄소 상쇄한 양을 자사의 탄소 발자국에 반영

다양한 수단으로 CO_2 배출 감축을 실행 (각국 정부, NPO,* 자치체, 기업)
* 비영리 민간단체

4 실현

탄소 상쇄 희망 기업

5 보고

1 탄소 상쇄 크레딧 발행

기업이 크레딧에 지급한 자금을 토대로 CO_2 감축 사업 진행

기업이 탄소 상쇄 사업의 크레딧을 구입

2 크레딧 구입

3 사업 실행

CO₂를 줄이기 위해 지금 당장 할 수 있는 일이 많다

집에서는 전기를 아낀다

일본의 CO₂ 배출량 가운데 14.6%는 가정에서 배출되고 있다. 생각보다 많아서 놀라게 되는 이 숫자는, 우리들 한 사람 한 사람의 마음가짐에 따라 줄일 수 있다.

일본의 1인당 가정에서의 CO₂ 배출량은 연간 약 1,920kg. 그중 절반 가까이는 전기 사용이 차지한다[미국참여과학자모임의 2018년도 1인당 탄소 배출량 통계에 따르면 일본은 1인당 대략 연간 9,130kg, 우리나라는 1인당 CO₂ 연간 배출량이 약 12,890kg(2018년 기준)으로 세계 6위 정도이며, 일본보다 매우 높은 편이다. - 감수자].

집에서 한 달에 전기를 얼마나 쓰고 있는지 확인해보자. 절전은 CO₂ 감축의 첫걸음이다. 꼼

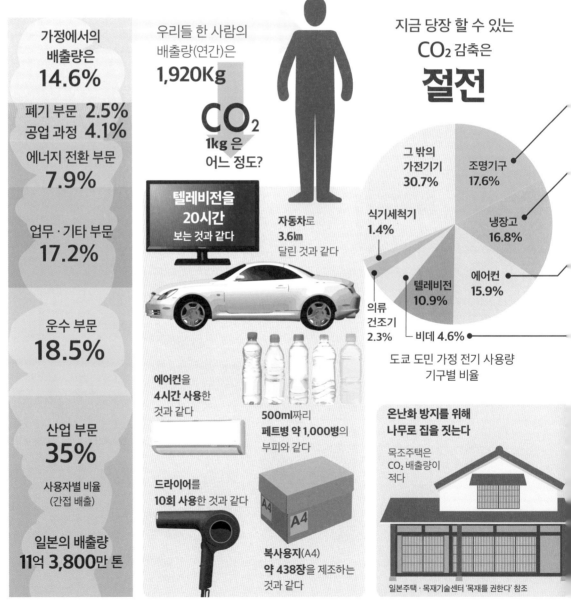

가정에서의
배출량은
14.6%

폐기 부문 **2.5%**
공업 과정 **4.1%**
에너지 전환 부문
7.9%

업무·기타 부문
17.2%

운수 부문
18.5%

산업 부문
35%
사용자별 비율
(간접 배출)

일본의 배출량
11억 3,800만 톤

우리들 한 사람의
배출량(연간)은
1,920Kg

CO₂
1kg 은
어느 정도?

텔레비전을
20시간
보는 것과 같다

자동차로
3.6km
달린 것과 같다

에어컨을
4시간 사용한
것과 같다

500ml짜리
페트병 약 1,000병의
부피와 같다

드라이어를
10회 사용한 것과 같다

복사용지(A4)
약 438장을 제조하는
것과 같다

지금 당장 할 수 있는
CO₂ 감축은
절전

그 밖의
가전기기
30.7%

조명기구
17.6%

냉장고
16.8%

식기세척기
1.4%

에어컨
15.9%

텔레비전
10.9%

의류
건조기
2.3%

비데 **4.6%**

도쿄 도민 가정 전기 사용량
기구별 비율

온난화 방지를 위해
나무로 집을 짓는다

목조주택은
CO₂ 배출량이
적다

일본주택·목재기술센터 '목재를 권한다' 참조

꼼꼼하게 전기를 끄고, 냉난방의 설정 온도를 조정하고, 절전형 가전제품을 사용하는 등, 실천할 수 있는 것부터 시작한다. 물을 적게 쓰거나 쓰레기를 줄이는 것도 CO_2 감축으로 이어진다.

물건을 고를 때는 CO_2를 생각한다

탄소 발자국이라는 눈에 보이지 않는 CO_2를 생각하면서 상품이나 서비스를 고르는 것도 중요하다. 예를 들면, 똑같은 채소라도 전기를 사용하는 비닐하우스 재배보다 노지에서 재배한 제철 농산물, 멀리서 연료를 사용하여 운송되어 오는 것보다 지역에서 생산된 것이 CO_2 배출량이 적다. 또한 CO_2 감축 노력을 하고 있는 기업의 제품이나 서비스를 적극 이용하면 기업은 온난화 대책에 더욱 힘쓸 것이다. 미래의 기후를 위해, 현재 우리의 편리한 생활을 되돌아보아야 할 때가 다가오고 있다.

조명기구
백열전구를 LED 전등으로 바꾼다	**45kg**
형광등 사용을 1시간 줄인다	**2.2kg**

냉장고 · 전기포트
계절에 맞게 온도를 설정한다	**30.2kg**
벽과 적절한 간격을 두고 설치한다	**22.1kg**
전기포트를 오랜 시간 보온하지 않는다	**52.6kg**

에어컨 · 난방
냉방 온도를 28℃로 설정	**14.8kg**
필터를 꼼꼼하게 청소	**15.6kg**
난방 온도를 20℃로 설정	**26kg**

욕실 · 화장실
샤워를 너무 오래 하지 않는다	**27.8kg**
욕조에 뚜껑을 덮는다	**38.2kg**

연간 수치임
출처 : '가정의 에너지 절감 핸드북 2018'
도쿄지구온난화방지활동추진센터

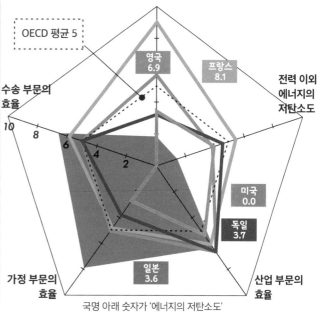

또 한 가지, 우리가 지금부터 반드시 해야 할 일은?

전력의 저탄소도

OECD 평균 5

수송 부문의 효율

전력 이외 에너지의 저탄소도

영국 6.9
프랑스 8.1
미국 0.0
독일 3.7
일본 3.6

가정 부문의 효율

산업 부문의 효율

국명 아래 숫자가 '에너지의 저탄소도'
10이 가장 효율이 좋고, 5가 평균이다.
2016년 CO_2 배출 요인분해 주요국 비교(일본 자원에너지청 홈페이지)

일본은 발전사업 등의 에너지 공급기업의 저탄소화가 다른 나라들에 비해 압도적으로 낮다. 가정 · 산업 · 운수 부문은 세계 최고 수준을 달성해도 이 부문이 늦어서 일본의 평가를 떨어뜨리고 있다.

지금 우리가 할 일!
전력 등 에너지 공급 기업에게 사업의 저탄소화를 추진하라고 요구하는 목소리를 높인다

주택 한 채당 재료 제조 시의 CO_2 배출량

목조주택
5.1톤

철골 조립 주택
17.7톤

철근 콘크리트 주택
21.8톤

Part 4

맺음말

코로나 이후의 세계에
새로운 경제학이 움트길 바라며

2020년 5월, 코로나 바이러스가 맹위를 떨치고, 세계 각지의 도시가 봉쇄되고 있을 무렵, 조금 희망적인 뉴스가 흘러나왔다. 대기오염이 심했던 하늘이 맑아졌다는 것이다. 그런 소식이 중국에서 들려오고, 인도에서도 20년 동안 보이지 않던 히말라야의 모습이 뉴델리의 푸른 하늘 아래 떠올랐다. 세계의 CO_2 배출량이 지난해에 비해 17%나 감소했다는 뉴스도 들려왔다.

인간이 산업 활동을 약간 멈춘 것만으로 대기가 이렇게 좋아진 것이다. 감염병의 위협에 떨고 있던 전 세계 사람들의 마음이 환해지는 순간이었다. 그러나 이 푸른 하늘의 진짜 의미를, 사람들은 금세 깨달았다. 2020년 6월 30일 현재 세계에서 약 1,000만 명 이상이 감염되어 50만 명 이상이 사망하는(2021년 11월 11일 현재 감염자는 2억 5,000만 명이 넘었고 사망자는 500만 명이 넘었다. - 옮긴이) 생명의 위기에 직면해서야 비로소 사람들은 산업 활동을 멈추었고, 그 결과가 푸른 하늘이라는 것을 말이다. 코로나19 바이러스의 세계적 유행은 우리의 삶을 크게 바꾸어놓았다. 이제 코로나 이전의 삶으로는 돌아갈 수 없다는 목소리가 전 세계에서 높아진다. 이를 계기로 코로나 이후의 새로운 사회질서를 만들자는 목소리도 들려온다.

그러나 이 목소리는 중대한 사실을 놓치고 있다. 우리는 온실가스에 의해 온난화가 계속되고 있는 세계로 돌아가서는 안 된다. 산업 활동의 일시적인 정지가 아니라 상시적인 감속이 요구되는 세계로 돌아가야 하는 것이다.

코로나가 유행하기 직전의 1월, 제50회 다보스 포럼에서 연설을 한 그레타 툰베리에게 미국의 므누신 재무장관은 "대학에서 경제학을 공부해보라"고 비아냥거렸다. 그러나 기후위기는 그들이 신봉하는 바로 그 '경제학'이 일으킨 것이다. 그레타는 그런 잘못된 경제학 따위는 배울 필요가 없다. 경제학을 다시 배워야 할 사람은 므누신 장관, 그리고 지구의 위기보다 자신들의 이익을 우선시하는 사람들이라는 것은 누가 보기에도 명백하다.

참고문헌

『강의 죽음When The Rivers Run Dry』, 프레드 피어스 지음, 닛케이BP사 펴냄

『그림으로 아는 지구 온난화』, 와타나베 마사히로 지음, 고단샤 펴냄

『기후 카지노The Climate Casino』, 윌리엄 노드하우스 지음, 닛케이BP사 펴냄

『물의 세계지도The Atlas of Water』, 매기 블랙, 재닛 킹 지음, 마루젠 펴냄

『세계사를 바꾼 이상기상 - 엘니뇨로 역사를 읽는다』, 단게 야스시田家康 지음, 니혼게이자이신문 출판사 펴냄

『시뮬레이트 디 어스 - 미래를 예측하는 지구과학』, 가와미야 미치오河宮未知生 지음, 베레출판 펴냄

『온난화 비즈니스Windfall』, 멕켄지 펑크, 다이아몬드사 펴냄

『온난화 세계지도The Atlas of Climate Change』, 커스틴 다우 등 지음, 마루젠 펴냄

『일본의 국가전략 - '수소 에너지'로 비약하는 비즈니스』, 니시와키 후미오西脇文男 지음, 도요게이자이신보사 펴냄

『'지구 시스템'을 과학한다』, 이세 다케시伊勢武史 지음, 베레출판 펴냄

『지구 온난화 도감』, 누노무라 아키히코布村明彦 등 지음, 분케이도 펴냄

『Newton 별책 - 단숨에 이해하는 날씨와 기상』, 뉴턴 프레스 펴냄

『Newton 별책 - 이 진실을 알기 위해 : 지구 온난화』, 니시오카 슈조西岡秀三 감수, 뉴턴 프레스 펴냄

『2050 거주불능 지구The Uninhabitable Earth』, 데이비드 월러스 웰즈 지음, NHK출판 펴냄

『2050년의 기술 - 영국 '이코노미스트'지는 예측한다MAGATECH: Technology in 2050』, 영국 「이코노미스트」 편집부 지음,
  분게슌주샤 펴냄

참조 사이트

공익재단법인 일본 극지연구진흥회   http://kyokuchi.or.jp

국제환경경제연구소   http://ieei.or.jp

내셔널 지오그래픽 도쿄   https://natgeo.nikkeibp.co.jp

도요게이자이신문 온라인   https://toyokeizai.net

도쿄도지구온난화방지활동추진센터(쿨 네트 도쿄)   https://www.tokyo-co2down.jp/

블루카본연구회(일반재단법인 미나토종합연구재단)   http://www.wave.or.jp/bluecarbon/index.html

유엔 UNHCR 협회   https://www.japanforunhcr.org

유엔홍보센터   https://www.unic.or.jp/

유엔환경계획(UNEP)   https://ourplanet.jp

일반재단법인 리모트 센싱기술센터   https://www.restec.or.jp

그림으로 읽는

친절한
기후위기
이야기

지은이_ 인포비주얼 연구소

옮긴이_ 위정훈

펴낸이_ 양명기

펴낸곳_ 도서출판 -북피움-

초판 1쇄 발행_ 2021년 12월 15일

등록_ 2020년 12월 21일 (제2020-000251호)

주소_ 경기도 고양시 덕양구 충장로 118-30 (219동 1405호)

전화_ 02-722-8667

팩스_ 0504-209-7168

이메일_ bookpium@daum.net

ISBN 979-11-974043-0-6 (03400)